JN027262

土屋誠司 編／柘植 覚 著

創元社

目次

Chapter 5

インターネット

Chapter 6

インターネット上のサービス

Chapter 7

Chapter 8

はじめに

この『身近なモノやサービスから学ぶ「情報」教室』シリーズもいよいよ最後の巻になりました。第5巻では、今では身のまわりに当たり前に存在している「情報通信ネットワーク」について、できるだけわかりやすく書いています。「情報通信ネットワーク」と言っても、普段あまり目にすることがないですし、意識したりすることもほとんどないと思います。でも、「インターネット」と聞くと、とたんに身近に感じるのではないでしょうか？

インターネットは、みなさんが使っている情報通信ネットワークの中で最も有名な、代表的なものです。コンピュータのしくみを知らなくてもスマホが使えるように、インターネットで何がどのように送られているのか知らなくてもストレスなく使うことができます。確かに、何も知らなくても使える便利なものではあるのですが、どのように「回線」がつながっていて、どのような情報（データ）がどんな形で送られているのかということを少しでも知っていると、例えば通信ができなくなったときの原因が自分で解るようになって復旧の際に役立つはずです。また、情報通信ネットワークに潜むコンピュータウイルスや詐欺などの危険から自分の身を守ることができるかもしれません。

情報通信機器や情報通信ネットワークの発展・普及によって、今では大量のデータが容易に入手できるようになりました。ただ、大量なデータを効率良く有効に活用するためには、それらのデータを「データベース」として管理・運用していく必要があります。データの効率的な利活用方法やデータベースに関しても本書では取り上げています。

この本を通して、情報通信ネットワークやデータベースに興味を持ってくれたら、そして、そのしくみや役割を理解してくれたら、これからの情報社会をより快適により便利に過ごすことができるはずです。この本が少しでもそのようなことに役立てば、私も嬉しく思います。

柘植 覚

情報通信ネットワーク

この章で学ぶ主なテーマ

ネットワークとは
通信の３要素
身近なネットワーク
回線事業者とインターネットサービスプロバイダ
データ量とデータ転送速度
変調方式

「身近なモノやサービス」から見てみよう！

本書では「情報通信ネットワーク」のことを取り扱います。まず、みなさんにとって、もっとも身近な情報通信ネットワークはスマートフォンなどで使われている携帯電話のネットワークではないでしょうか。今の世の中の携帯電話のネットワークと言えば、「5G（ファイブジー）」にだんだんと変わって行っています。では、よく耳にするこの 5G とは一体何のことでしょうか？

5G の正式名称は「5th Generation（第 5 世代移動通信システム）」で、スマートフォンや携帯電話といった「移動できる物」の通信する方法を示しています。今が「第 5 世代」ということは、もちろんこれまで第 1 世代から第 4 世代まであって、それが進化・改良されて第 5 世代になりました。今の 5G は「高速・大容量」「多数端末の同時接続」「低遅延」などの特徴を持っていて、第 4 世代と比べて多くのデータが早く送れるし、たくさんの人が同時に使うことができます。

この5Gが普及して、みなさんが使用できるようになると、移動しながらでも超高画質の映像（4Kや8K）を見たり、仮想空間（VR）や拡張現実（AR）の技術を使って高臨場体験や遠隔操作などができます。また、自動車の自動運転なども実現できるようになります。5Gは2020年から商用のサービスが開始されていて、高速・大容量通信を可能にするために、4Gで使われていた3.6GHz以下の周波数帯で通信するだけでなく、高い周波数帯（3.7GHz帯／4.5GHz帯／28GHz帯）を使って通信をしています。こうして広い周波数帯域を使用することによって大容量の通信が可能となり、4Gと比較して約10倍速く通信ができると言われています。さらに、使用できるアンテナ素子数も4Gより増えているので、同時に通信できる人の数を増やすことができます。ただ、高周波の電波は同じ出力の場合、低周波の電波と比べて遠方まで届かない、高周波の電波は低周波の電波と比べて直進性が高く障害物を回避しにくいという特性を持っているので、1つの基地局でカバーできる範囲が少なくなるため、5Gになった場合には基地局を増やさなければなりません。

5Gに変わることで、ますます便利な世の中になっていくのは間違いないでしょう。2022年の段階で、5Gネットワークの人口カバー率（500m四方エリアのうち、5G通信ができるエリアの人口を総人口で割った割合）が90%になりましたが、5G対応の機器がまだ十分に普及していないことや、新しい通信技術への対応ができていないなどの理由で、移動通信における5Gの回線利用は2～3割程度に留まっています。今後、これらの技術が進化、発展、普及すれば5Gでの通信がより身近になって、情報通信ネットワークを活用した新しい時代が始まるはずです。

1-1

ネットワークとは

本書で扱うネットワークとは、コンピュータがつながってできている**情報通信ネットワーク**（**コンピュータネットワーク**）のことを意味します。情報通信ネットワークはコンピュータがつながっているだけでは「便利」にはならず、そのネットワークを使って「コンピュータ同士で情報をやりとりする」ことによって非常に便利なものに変わります。

人間はネットワークがない時代から情報の伝達を行っていました。例えば、山伏が吹くほら貝の音や忍者が用いたとされる狼煙なども情報を伝えるための方法と言えるでしょう。この場合、音や煙の中に情報を含ませて「空気を通じて」その情報を伝えていることになります。たとえ狼煙のような方法でも、伝言ゲームのようにどんどん周囲に伝えていくことで、それは立派なネットワークによる情報通信と呼ぶことができます。このような情報通信が、コンピュータ同士をつないだネットワークを用いてデジタルデータで表現された情報を伝達することで行われるようになったのが現代です。

今では多くの人が当たり前のように、パソコンやスマートフォンをはじめとするコンピュータからネットワークを使って情報のやりとり（通信）をしています。では、コンピュータが2台あったとして、それらをつないで情報のやりとりをしようと最初にしたのは誰でしょうか？　厳密には世界最初のコンピュータ通信を特定することはできませんが、1978年にアメリカのウォード・クリステンセンとランディ・スースが開発した小規模な地域的ネットワークシステムである「CBBS（Computerized Bulletin Board System）掲示板」だと言われています。このように、最初はとても小さなネットワークから始まり、今では世界中のコンピュータ同士がつながって複雑で多様な情報を通信できるようになったのです。

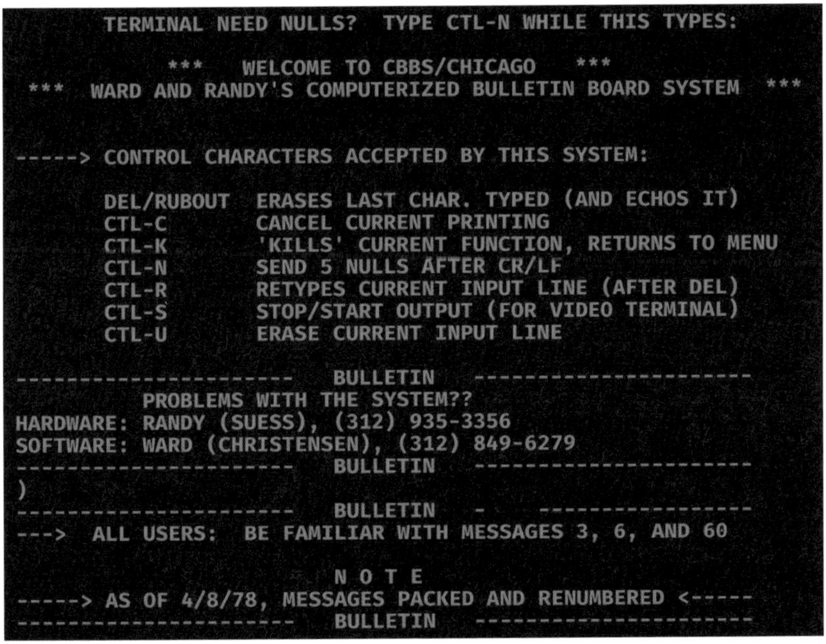

```
        TERMINAL NEED NULLS?  TYPE CTL-N WHILE THIS TYPES:

             ***   WELCOME TO CBBS/CHICAGO   ***
  ***  WARD AND RANDY'S COMPUTERIZED BULLETIN BOARD SYSTEM  ***


-----> CONTROL CHARACTERS ACCEPTED BY THIS SYSTEM:

       DEL/RUBOUT  ERASES LAST CHAR. TYPED (AND ECHOS IT)
       CTL-C       CANCEL CURRENT PRINTING
       CTL-K       'KILLS' CURRENT FUNCTION, RETURNS TO MENU
       CTL-N       SEND 5 NULLS AFTER CR/LF
       CTL-R       RETYPES CURRENT INPUT LINE (AFTER DEL)
       CTL-S       STOP/START OUTPUT (FOR VIDEO TERMINAL)
       CTL-U       ERASE CURRENT INPUT LINE

----------------------   BULLETIN   ----------------------
          PROBLEMS WITH THE SYSTEM??
HARDWARE: RANDY (SUESS), (312) 935-3356
SOFTWARE: WARD (CHRISTENSEN), (312) 849-6279
----------------------   BULLETIN   ----------------------
)
----------------------   BULLETIN   -   -----------------
--->  ALL USERS:  BE FAMILIAR WITH MESSAGES 3, 6, AND 60

                         N O T E
-----> AS OF 4/8/78, MESSAGES PACKED AND RENUMBERED <-----
----------------------   BULLETIN   ----------------------
```

初期のオンライン掲示板「CBBS」の起動画面（画像：wikipedia「Splashscreen of the CBBS/Chicago (1978)」by Aeroid）

仮に、あなたの手元にあるスマートフォンがネットワークにつながっていないとしたらどうでしょう？　ほぼ使い物にならないのではないでしょうか。つまりそこまで、コンピュータ同士がつながって情報をやりとりすることが一般的になっているのです。では、今では必要不可欠なものになった「ネットワーク」とはそもそも何でしょうか？

ネットワークは「ネット」という言葉が示すように「網」のように広がってつながっているものです。英語で書くと「Network」で、これは網細工や網状組織を意味します。略して言うと「ネット」ですね。辞書的な意味は以下のようになります。

①多数のラジオ・テレビ局がキー局を中心にして組織している番組供給網。放送網。
②コンピュータネットワークの略

今では②の意味が一般的に使われていますね。本書においてもネットワークというときはコンピュータネットワーク（他に「計算機ネットワーク」や「情報通信ネットワーク」という呼び方もあります）を意味する言葉として使っていきます。

さて、このネットワークですが、2000年代になるとライフラインの一つとして挙げられるようになり、現代のみなさんの生活に欠くことのできないものになっています。このネットワークの存在によって、さまざまな場所にあるコンピュータが情報をやりとりすることができ、私たちの便利で快適な生活を支えています。スマートフォンのゲームも、コンビニエンスストアで買い物をするときに使うキャッシュレス決済も、コンピュータでの検索もすべてネットワークを利用して動いています。普段の生活で意識はしていなくても、ネットワークはすでに空気のようにみなさんの身近なところに存在しています。

複数台のコンピュータをつないでネットワークをつくっていくと、1台のコンピュータではできなかったことができるようになるというメリットがあります。これは、人間に置き換えると、「三人集まれば文殊の知恵」

と同じことです。1 台 1 台のコンピュータの能力がたとえ低くても、それが 100 台集まれば、例えば 1 台のコンピュータでは 100 日かかっていた作業が 1 日でできるようになります。また、1 台のコンピュータに情報を全部集めようとすると、大容量の記憶媒体を持たないといけませんが、複数台で共有すれば 1 台ずつが持つ情報量は少なくてすみます。さらに、情報全部を持っているコンピュータが壊れたり使えなくなったりすると大きな問題ですが、ネットワークでつながったコンピュータに情報を分散していれば、1 台が壊れたり使えなくなったりした場合でも被害が少なくなります。このようにコンピュータをつないでネットワークをつくることには多くのメリットがあるのです。

ただし、良い話ばかりではありません。みんなで共有してコンピュータを利用するということは、自分自身のコンピュータの能力を独り占めすることができません。また、自分の情報がネットワーク上にあるということでプライバシーの問題が出てくることもありますし、自分が求めていない情報（例えばコンピュータウイルス）などもネットワークを介して自分のコンピュータにやって来てしまうかもしれません。ネットワークがある前提でいろいろなことを考えたり進めたりしていると、災害や停電などによってネットワークが正常に働かなくなったり、充電がなくなって機器が動かなくなったりした場合、つまりネットワークにつながらない環境になってしまうと何もできなくなる状況に陥ってしまいます。

本書では、コンピュータネットワークがどのようにつながって、どのように情報のやりとりをしているのか、また、安全にネットワークを活用していくためには何が必要なのかということについて、詳しく説明をしていきます。

1-2
通信の３要素

ネットワークはコンピュータがつながってできていて、そのネットワークを使って情報のやりとり（通信）を行うと便利であることはわかりました。このネットワークをつくるためにはためには、接続するコンピュータ(**端末**、ターミナル)、コンピュータ同士を接続するためのケーブルや無線(**リンク**、伝送路、通信回線)、他のコンピュータが接続されているネットワークへ情報を伝える**ノード**（中継器､交換機）の３つが必要になります。これらの３つの要素がたくさん集まり、お互いがつながることによって巨大なネットワークを構築することができます。

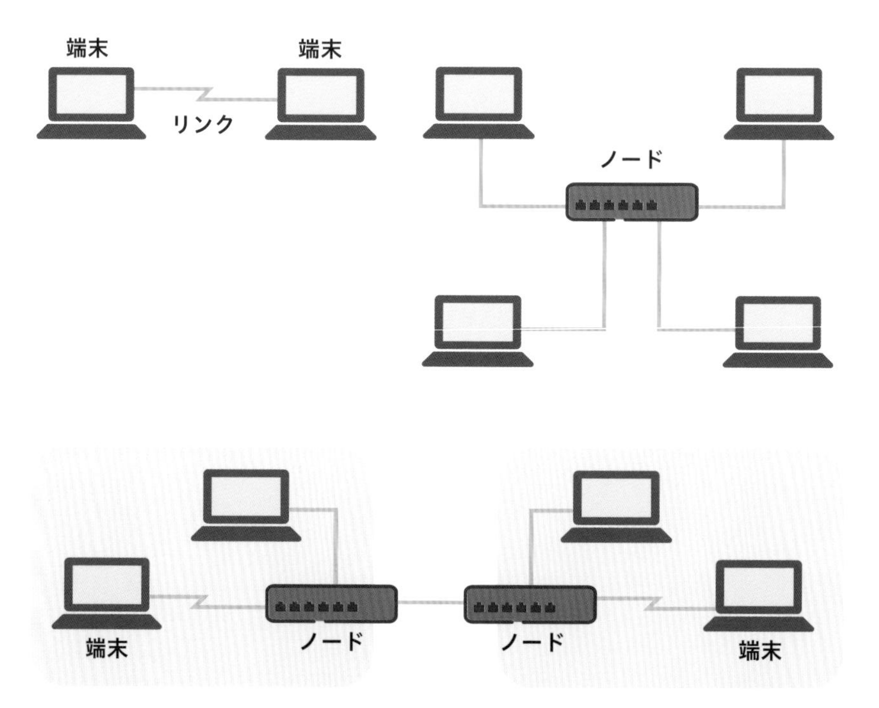

コンピュータが接続された最も簡単なネットワークは、2 台だけのコンピュータがつながっている状態です。これでも 2 台だけのコンピュータのネットワークと言えます。この場合には、他のネットワークと接続するノードは必要なく、2 台だけでの情報のやりとりが可能です。しかし、3 台以上のコンピュータをつなげたり、プリンタや他の通信機器をつなげたりする場合には、単にそれらをつなげるだけではネットワークを構成することはできません。そのような場合は、途中に中継器となるノードを入れることによって接続することができます。

今お話ししたのは、家の中のような小さなネットワークのイメージですが、このネットワークを外のネットワークとつなげる際にも同じようにノードを入れることで、ネットワークがどんどん広がって世界中とつながるようになります。

1-3

身近なネットワーク

すでに私たちのライフラインの一つとなっているネットワークにはさまざまな種類があります。身近なネットワークとしては、近くの人とゲームなどで対戦するネットワーク（**アドホックネットワーク**）、家の中でコンピュータやテレビといった家電をつないでいるネットワーク（**イーサネット**）、目に見えない無線でコンピュータを接続する**無線 LAN**、外部の広い世界とつながっているインターネットなどがあります。

◆ アドホックネットワークのしくみ

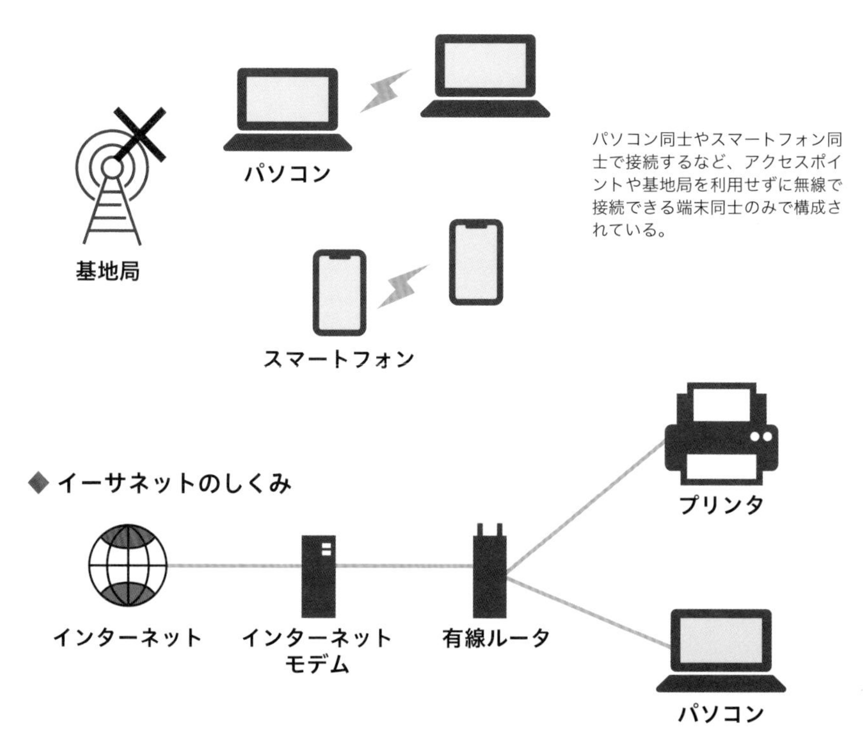

通信規格の一種で、オフィスや家庭でネットワークを有線で利用する際に用いられる。

◆ 無線 LAN のしくみ

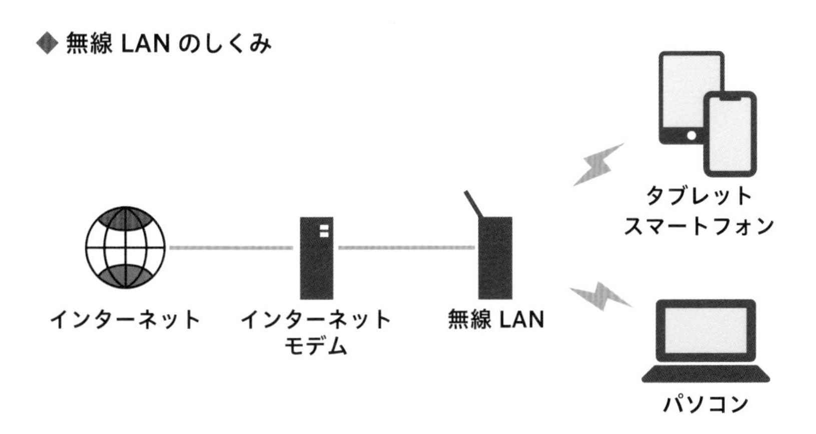

ケーブルをつなぐことなく、無線でインターネットに接続できる方式。

◆ インターネットのしくみ

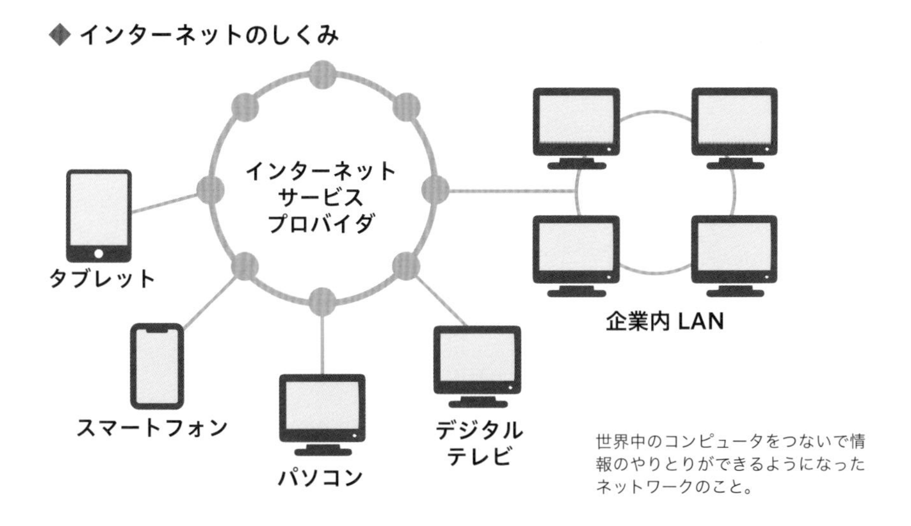

世界中のコンピュータをつないで情報のやりとりができるようになったネットワークのこと。

このようにネットワークと言ってもいろいろな種類があります。これらのネットワークがどのようにつながっているのかは、あとの４章や５章で詳しく見ていきます。

1-4

回線事業者とインターネットサービスプロバイダ

ネットワークに接続するには1-2で述べたように3つの要素（端末、リンク、ノード）が必要です。ここでは、まず最も広い世界のネットワークである**インターネット**に接続するときに必要なことを考えてみます。

インターネットは今では一番身近なネットワークになっています。一般的に家庭からインターネットに接続するには、まずは通信をするコンピュータ（端末）を有線か無線でネットワークに接続しないといけません。

これは、電話で考えると電話器を電話線につなげることになります。ここで言う電話線はリンクにあたります。インターネットの場合にはインターネット回線と呼ばれ、**電気通信事業者**（「通信回線事業者」「回線事業者」とも言います）によって管理されています。ただし、回線に接続しただけではまだインターネットは使えません。これも電話で考えると電話会社と契約して電話を使える環境にしてもらって初めて電話ができることと同じです。回線につながったコンピュータに対し、インターネットに接続して利用できるサービスを提供してもらわないといけないです。このサービスを提供するのが**インターネットサービスプロバイダ**（**ISP**：Internet Service Provider）です。

電気通信事業者は電気通信事業法で総務大臣の登録を受け、通信を行う回線などを管理運営する事業者です。よく知られている電気通信事業者にはNTTグループ、KDDIグループ、ソフトバンクグループ、楽天グループ、ケーブルテレビ会社などがあります。その中でも移動通信においてはNTTグループのNTTドコモ、KDDIグループのau、ソフトバンクグループのソフトバンクの3社は「大手キャリア」と呼ばれています。なお、

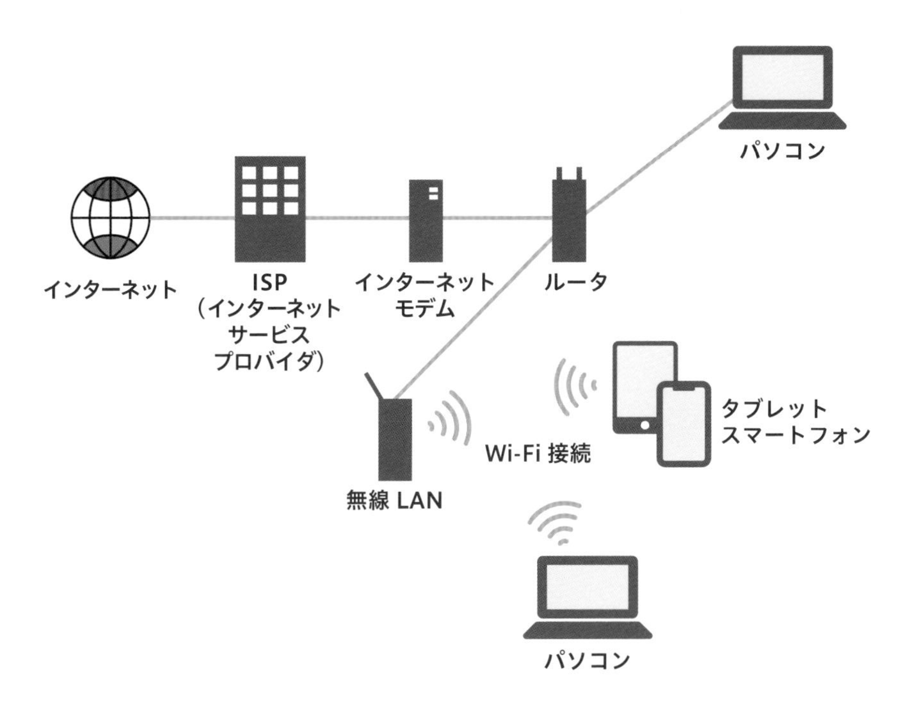

これらの事業者は通信可能な回線（伝送路）を提供しているだけであり、インターネットに接続するにはISPが提供するサービスが必要となります。

少しややこしいのですが、NTTドコモと契約してネットワークを使う場合は電気通信事業者とISPが同じということになります。一方、「Y! moble」や「UQ moble」と契約した場合は、電気通信事業者はソフトバンクやauになりますが、インターネットにつなげるサービスはY! mobleやUQ mobleが提供しています。このように「回線」と「サービス」が分離しているのです。例えば、電気やガスも同じようにサービスと「送る部分」が別になっています。ちなみに、ISPはインターネット接続だけではなく、電子メールなどのサービスも提供しています。

1-5

データ量とデータ転送速度

ネットワークを使ってコンピュータで情報をやりとりするためには、送る情報（データ）がコンピュータが理解できる「0と1」で表現されたビット符号に変換されていないといけません。この「0と1」に変換されたデータをネットワークを通じて相手側に送ることによって通信が行われます。

ビット符号が相手先に送られる通信の速さを表す単位として「ビット／秒」（**bps**：bit per second）が使用されます。このbpsは通信の速さを表すだけでなく、そのネットワークが通信できる最大通信容量を示す場合があり、bpsの値が大きければ、1秒間に送ることができる情報量が多いネットワークであることがわかります。また、実際の通信が行われた通信速度がそのネットワークにおける最大通信量のどのくらいの割合を使用しているかを表したものを回線使用率と呼びます。

$$\text{回線使用率} = \frac{\text{実際の通信（bps）}}{\text{ネットワークの最大通信容量（bps）}} \times 100$$

ここで簡単にビット（bit）とバイト（byte）の説明をしておきます。通信の世界ではデータが「0と1」に変換されて送られると説明しましたが、この1桁（0か1）のことを1ビットと言います。例えば10進数の「25」を2進数で表現すると「11001」となり、5ビット（桁）で表現されます（実際には送るビット数が決められているので先頭に0を入れることが多いです。8ビットで送信すると決められていると10進数の「25」は「00011001」の2進数に変換されます）。ビットと同じくらいよく登場する「バイト」とは、8ビットをひとまとめにして表現したものであり、8ビットが1バイトになります。このバイトはデータを保存する媒体（ハードディスクやSSDなど）の容量を表すときによく使用されます。一般的にバイトを表現するときには、2進数で表現すると桁数が多くなってしまうため16進数で表現することが多いです。

通信速度やネットワークの最大容量について具体例で説明しましょう。例えば、5Mバイト（Mは10^6を意味します）のデータを送信したら4秒かかったとすると、通信速度は$\frac{5\times10^6\times8}{4}$=10×$10^6$bit/s=10Mbpsとなります。このときの通信回線の最大容量が54Mbpsだと、この通信は$\frac{10Mbps}{54Mbps}$=0.185=18.5%の回線利用率となります。

実際の通信では「0と1」は電気信号や無線信号、光信号に変換されて相手に送られることになります。デジタルデータである0と1をそれらの信号で送れるように送信側で信号を変化させることを**変調**、受信側で受け取った信号からデジタルデータを取り出すことを**復調**と言います。ここでは0と1の数字を電気信号に変換する方法について説明する前に、少しだけ周期や周波数、振幅、位相について学んでおきましょう。

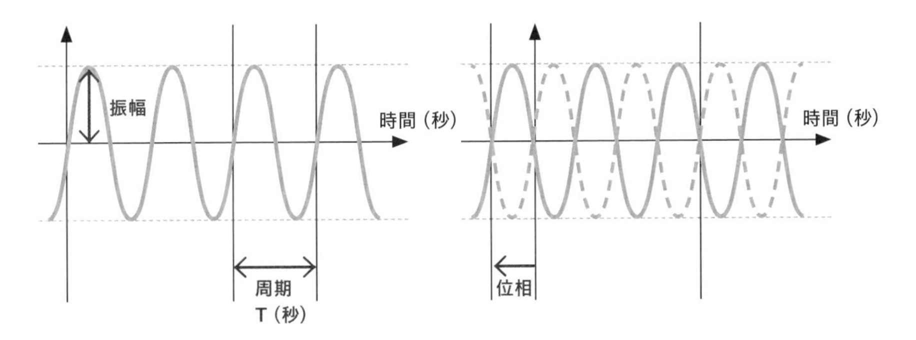

これらの図は繰り返しの信号を示しています。繰り返しの基本となる信号の長さを**周期**と呼び、単位は時間（秒）が使われます。周期の逆数は**周波数**と呼ばれ、1秒間に何回繰り返されているかを表しています。信号の大きさのことを**振幅**と呼びます。また、**位相**とは周期的な信号のどこのタイミングにいるかを表していることを意味します。この図の場合、左の信号が$\frac{1}{2}$周期遅れると右の信号になります。これは次の図のような矩形波（くけい）でも同じように周波数などを使うことができます。0と1を電気信号に

変換するには、0と1を電気信号の電圧の変化として表現して通信を行う**ベースバンド方式**と特定の周波数の信号の周波数や位相の変化で0と1を表現して情報を通信する**デジタル変調方式**があります。

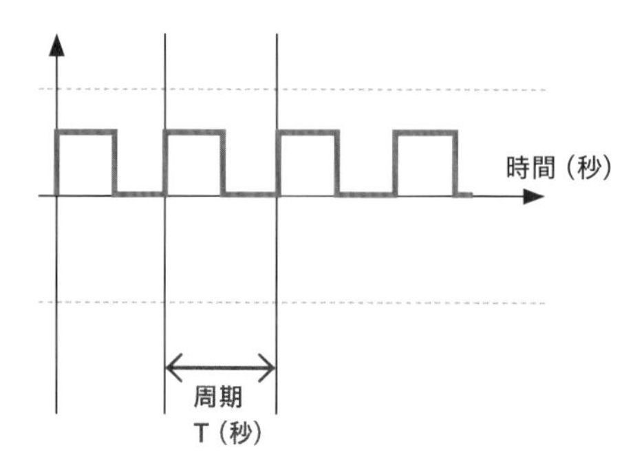

次に、ベースバンド方式の代表として、**NRZ**（Non-Return to Zero）**方式**、**RZ**（Return to Zero）**方式**、**マンチェスタ方式**の3つがあります。図を見てわかるようにNRZ方式は0を電圧がかかっていない状態、1を電圧がかかっている状態として、一定区間ごと（この図では間隔をT）に送りたい情報に応じて電圧を変えて通信する方法です。RZ方式はNRZ方式と似ていますが、送りたい情報の1ビット毎に一旦0V（電圧がかかっていない状態）に戻す方法です。マンチェスタ方式は送りたい情報の0を「01」、1を「10」として、間隔を半分にしたNRZ方式と考えることができます。0の場合は間隔Tの前半部分を負の電圧がかかっている(-V)とし、後半は反転させ、正の電圧がかかってると表現して、1の場合は0の逆として表現しています。RZ方式は送信する1ビットごとに0Vに戻すことにより、ビットの切れ目が明確になりますが、0に戻すことによって信号としては**高調波成分**（➡P.052）が増えるため伝送する**帯域**（➡P.052）が増えてしまいます。この高調波成分を抑制するためにNRZ方式があります。また、マンチェスタ方式は信号全体の平均が0Vとなり、同じ信号が続いた場合の区切り目がわからなくなるというNRZ方式の欠点を補っています。このような変換を行うベースバンド方式は主に短い距離の通信を行う場合に用いられます。

◆ **NRZ 方式**

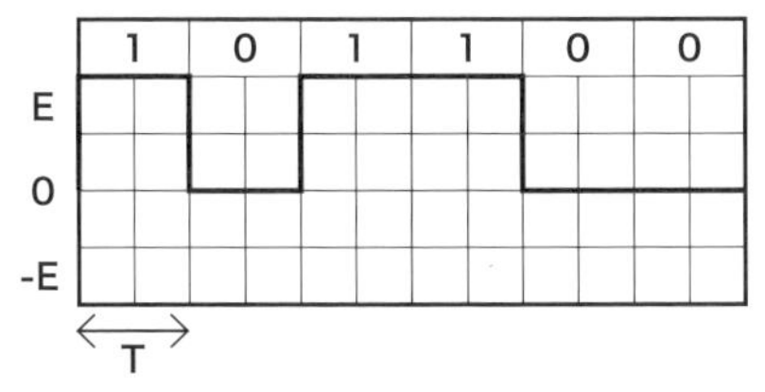

◆ **RZ 方式**

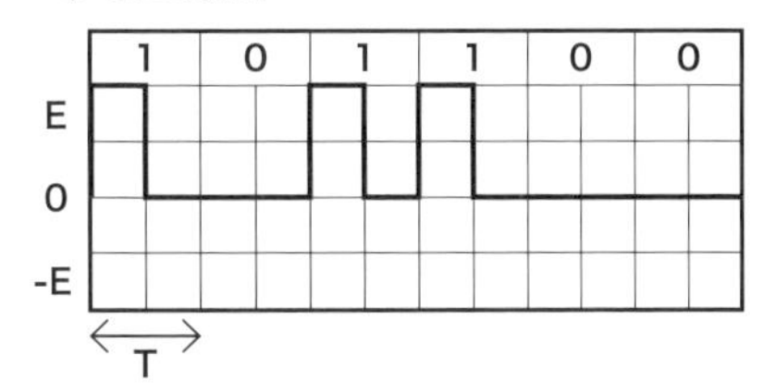

◆ **マンチェスタ方式**

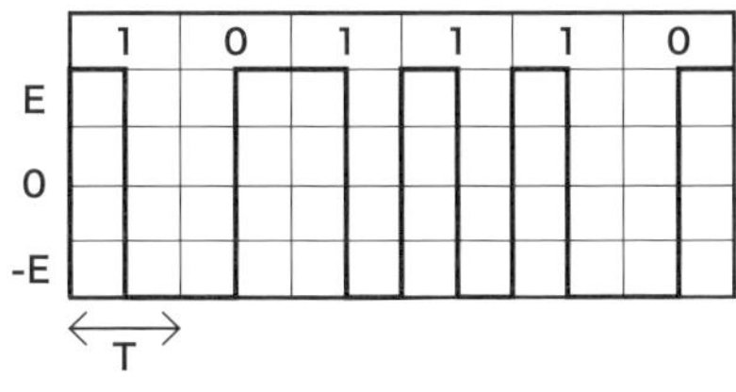

一方、長い距離の通信を行う場合には、デジタル変調方式が使われていて、代表的な方法として、**振幅偏移変調**（**ASK**：Amplitude Shift Keying）**方式**、**周波数偏移変調**（**FSK**：Frequency Shift Keying）**方式**、**位相偏移変調**（**PSK**：Phase Shift Keying）**方式**、**直角位相振幅変調**（**QAM**：Quadrature Amplitude Modulation）**方式**などがあります。

ASK 方式は、信号の大きさである振幅を 0 と 1 に対応するように（次ページの図では振幅が小さい場合に 0、大きい場合に 1）変化させ、送りたいビット列を送る方式です。ASK 方式はイメージで言うとデジタル信号の 0 と 1 を音の大きさで表現して、音が小さい場合には 0 で、大きいと 1 のように伝送している感じです。アナログ信号を送る場合のアナログ変調方式の振幅変調方式（AM：Amplitude Modulation）と同じ変調方式です。非常に簡単な方法で、雷などの雑音に弱いのが問題です。

FSK 方式は、ASK 方式と違って信号の大きさ（振幅）は一定に決めて、信号の 1 秒間の繰り返し回数（周波数）を変化させ、0 と 1 を表現して通信する方式です。イメージとしては、0 を低い音、1 を高い音と表現して、それらを組み合わせて送りたいデジタル信号の情報を合わして通信をする感じです。この FSK 方式がアナログ変調方式の場合には周波数変調

（FM：Frequency Modulation）です。振幅偏移変調方式（振幅変調方式）より雑音に強いという特徴があります。これらのアナログ信号の変調方式である AM 方式や FM 方式は、ラジオの信号の送信方法として使用されています。

PSK 方式は、振幅も周波数も一定の信号ですが、位相を変化させて 0

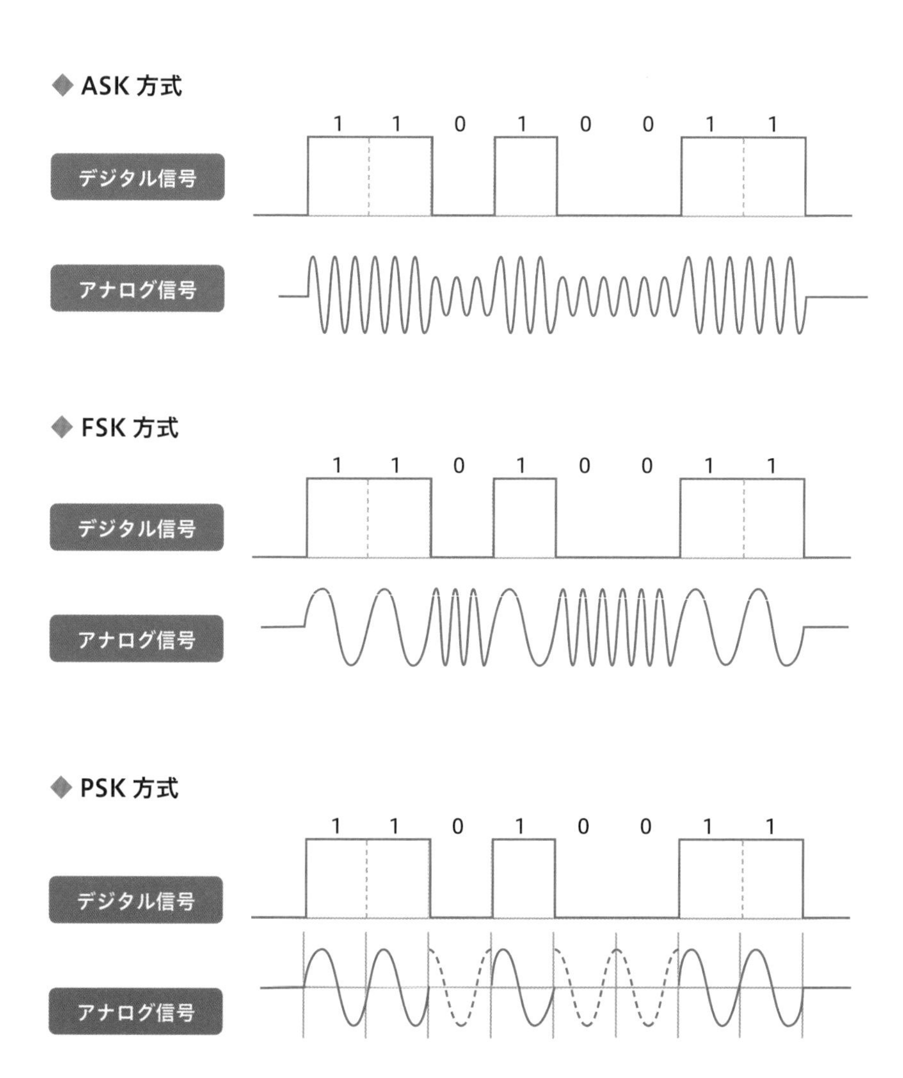

と1を表現して通信する方法です。振幅偏移変調方式（振幅変調方式）や周波数偏移変調方式（周波数変調方式）を使った方法よりも、さらに雑音に強い方法になります。PSK方式は、位相の角度を細かく設定することができます。例えば、下の図のように、0°の波か90°の波かの区別だけではなく、45°や30°の位相の波などとも区別をつけることができます。

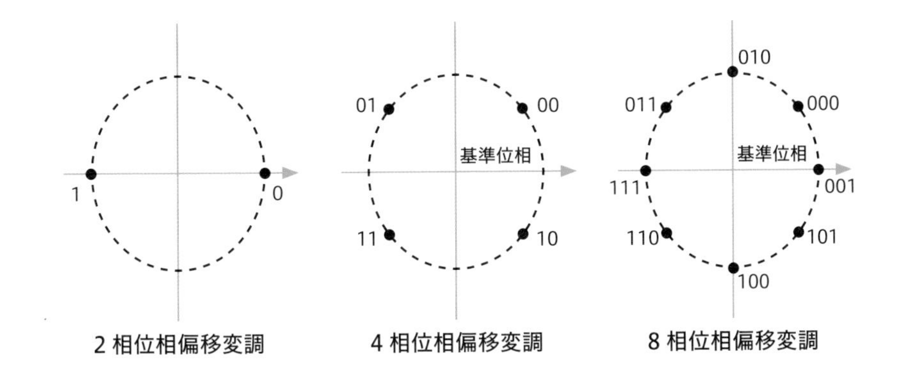

2つの波を区別すると2相位相偏移変調、4つの波を区別すると4相位相偏移変調、8つの波を区別すると8相位相偏移変調と呼ばれます。こうすることで、単に区別する波を増やすということだけではなく、区別できる波の数が増えて、1つの波が伝える情報量を増やすことができます。

2相位相偏移変調では、1つの波で「0か1」の2種類を区別していますが、4相位相偏移変調では、1つの波で「00か01か10か11」の4種類を区別することができます。つまり、2相位相偏移変調では、1つの波で1ビットの情報を送信することができますが、4相位相偏移変調では、1つの波で2ビットの情報を送信することができるということになります。8相位相偏移変調では、3ビットもの情報を1つの波で表現することができるのです。このように位相を利用することで高効率に通信することが可能になります。

そしてQAM方式は、ASK方式とPSK方式を組み合わせて変調する方法で、振幅と位相の両方を変化させて変調を行います。ASK方式とPSK方式を同時に使用することができるので、1つの信号でそれぞれの方法の2倍以上のデータが伝送でき、高速のデジタル伝送が可能です。このQAM方式は携帯電話や無線通信などに幅広く使用されています。波のイメージとしては下のような図になります。

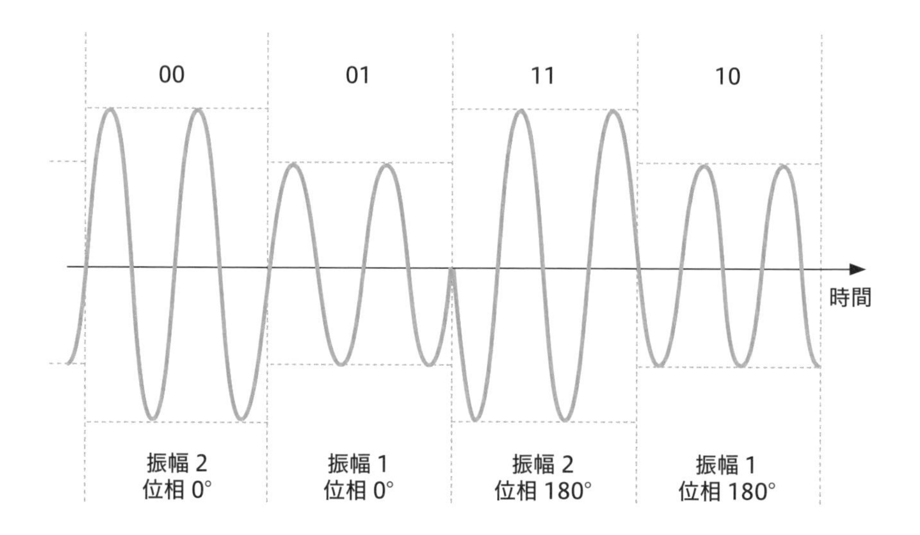

また、PSK方式について説明したときと同じように1つの波で何ビットの情報を送れるのかを示す図は次ページのようになります。この図は16QAMと呼ばれる方式の図です。位相だけではなく振幅も使っていますので、16種類の波を区別することができています。つまり、1つの波で4ビットの情報を送信することができます。

振幅は雑音の影響を大きく受けるということはすでに述べましたが、こんなことをしても大丈夫なのかと不安になりませんか？　図をよく見てみると、振幅として大、中、小の3つが設定されており、同じ位相の波、例えば45°の位置（0101と0000）を見てみると振幅大と振幅小の波が使われ、振幅中の波は使われていません。このように、雑音の影響を受けやすい部分は区別しやすいように離して設定しているので、少々雑音の影響を受けても問題なく情報を伝達することができるように工夫されています。

◆ 16QAM

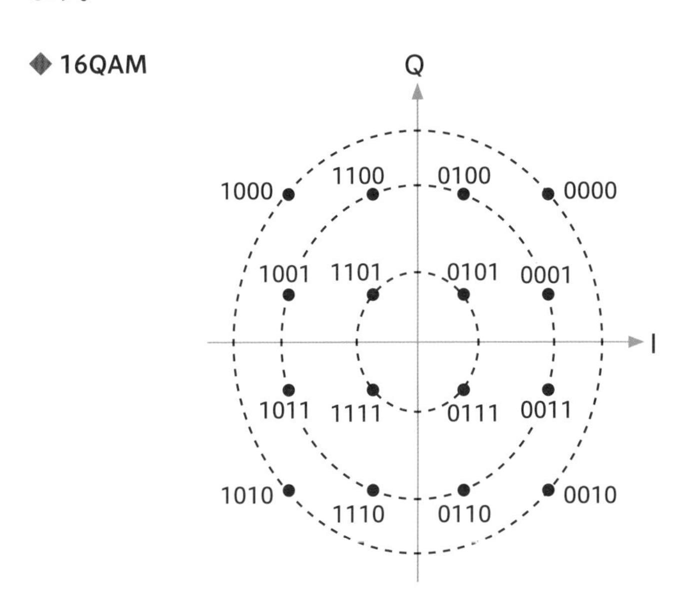

ちなみに、最新の5Gのスマートフォンでは256QAMという変調方式が利用されており、1つの波で8ビット（1byte）もの情報を送信することができます。64QAMが利用されていました4Gと比べると、約1.33倍もの速度向上が実現できていることになります。

これらの変調方式によってデジタルデータをアナログ信号を用いて送信することができるようになります。この方式だけでは、1つずつのデジタルデータしか送れないので、多くの人や多くのデータを同時に送信することができません。同時に複数の信号を伝送する方法として**多重化**があります。この多重化には周波数分割多重（FDM：Frequency Division Multiplexing）方式、時分割多重（TDM：Time Division Multiplexing）

方式、符号分割多重（CDM：Code Division Multiplexing）などがあります。

FDM 方式は第 1 世代の携帯電話などに使用された方法で、使用できる信号の周波数帯を複数の周波数帯の信号に分割して、それぞれの周波数帯域で変調を行い、伝送の際にはそれらの信号を重ねて伝送する方式です。受信側では、必要となる周波数帯域の信号だけ取り出して復号することによってデジタルデータを得ます。

TDM 方式は、変調された複数の信号を時間的に分割して、短い時間ごとに信号をつなぎ合わせて伝送する方式です。この方式は限られた帯域の伝送路においても複数人で使用できる利点がありますが、時間によって送る人が決まっているので、データを送信しない場合にも割り当てられ、情報がない状態の信号が送信される場合もあります。

CDM は第 3 世代の携帯電話などに使用された多重化技術で、時間や周波数の割当をするのではなく、送信側に決まった信号（搬送波）が決められていて、変調した信号にその信号を加えて送信する方法です。受信側では受信した信号から搬送波を除いた後に復号することで、デジタルデータを得ることができます。

ネットワークの構成

この章で学ぶ主なテーマ

アナログとデジタルのネットワーク
規模による分類と形状による分類
パケット交換と回線交換
通信方式

「身近なモノやサービス」から見てみよう！

前の章の初めに、アメリカで始まった世界初のコンピュータ通信（オンライン掲示板）のことを取り上げました。その一方、私たちが暮らすここ日本では、一体どのようにコンピュータをネットワークにつなげる「歴史」が発展してきたのでしょうか。

右の表は、これまでの情報通信分野の動向をまとめたものです。年代が今に近づくほど、見慣れたり聞き慣れた言葉が出てくるのではないでしょうか。驚くのはインターネットが日本で普及し始めてからまだ30年ほどしか経っていないことです。デジタル技術が進化するスピードはまさに驚異的と言えますが、ここではそれよりももっと前に時代を遡ってみましょう。

日本に最初に電信装置が持ち込まれたのは、アメリカのペリーが2回目に来日したとき（1854年）であり、その装置は徳川幕府に献上されました。その後、1869年に東京と横浜の間に電信線が架設され、公衆電報が開始されました。また、電話は1890年に東京で開通しました。電信と電話はともに研究開発と普及が進んでいき、1952年には国内の電話網の整備推進を目的に電電公社が設立され、1973年には約2,400万件まで加入者が増加しました。

この頃の通信手段は音声通話が主でした。しかし、電話回線は国が運営していたため、なかなか自由に通信を行うことはできませんでした。そこでコンピュータを使ったネットワーク通信の要望が高まり、1982年に「第2次通信回線開放」と呼ばれる公衆電気通信法の改正が行われ、コンピュータ通信のための回線の自由化が進められました。

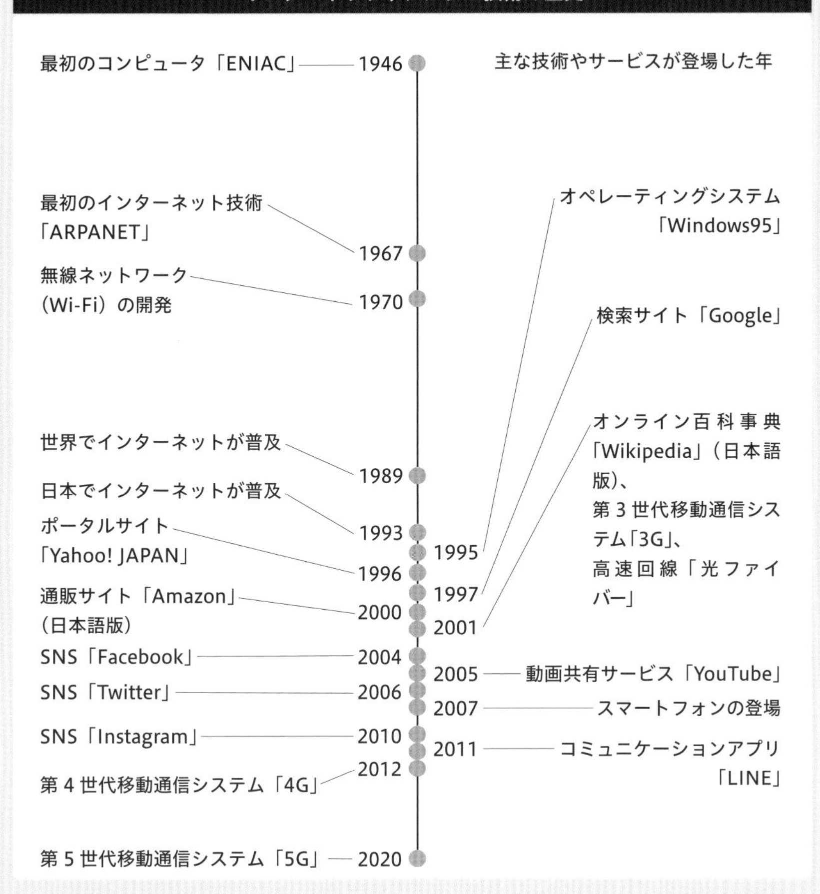

この通信自由化によって、ポケットベルや携帯電話、パソコン通信などの新しい通信サービスが開始され、一般にもコンピュータを用いたネットワーク通信が普及し始めました。ただ、この頃のパソコン通信は一部でしか広がっておらず、多くの人が使っているとはまだまだ言えない状況でした。その後、インターネットが企業や家庭内にも普及し、多くの人が当たり前にネットワークを使用するようになりました。2020年には、より高速・大容量の通信が可能になる「5G」が登場したのはみなさんもよく知るところでしょう。

2-1

アナログとデジタルのネットワーク

私たちが日常生活で扱っている時間や温度や距離などの「量」のほとんどは連続して変化しています。このような連続して変化する量のことは**アナログ**（**連続値**）と呼ばれます。コンピュータは基本的に「0と1」しかない世界で動いているため、連続量であるアナログを直接扱うことができません。そのため、アナログを0と1で表現される**デジタル**（**離散値**）に変換する必要があります。

この変換は、つながって変化している値を一定間隔で区切って段階的な数値にすることで行います。このようにして、アナログ信号をデジタル信号に変換することをアナログ・デジタル変換（**A/D変換**：Analog to Digital Conversion）と呼びます。

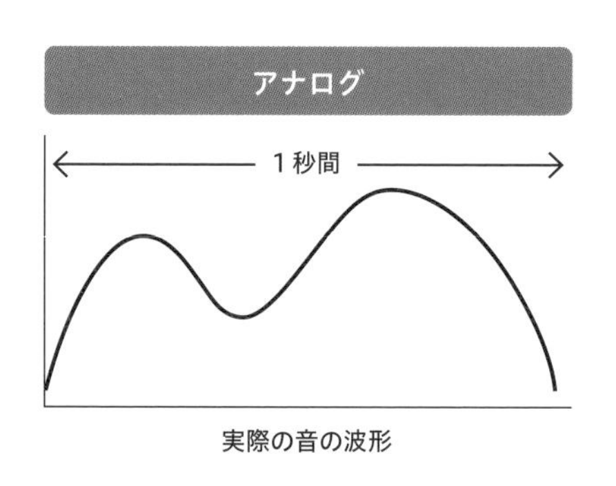

実際の音の波形

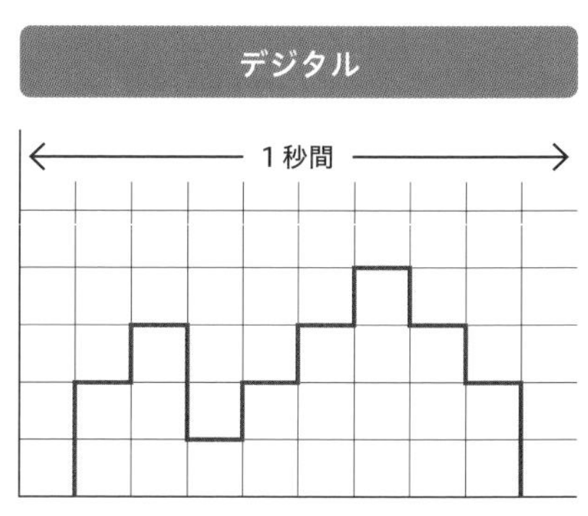

デジタル情報に変換・保存する

A/D変換は、まずアナログ信号を時間方向に一定間隔で区切り（**標本化**）、その後、ある特定の桁数で区切られた値を表現します（**量子化**）。コンピュータや通信の世界では2進数が用いられるので、この特定の桁数は2の乗数の値（**量子化ビット数**）が使用されます。

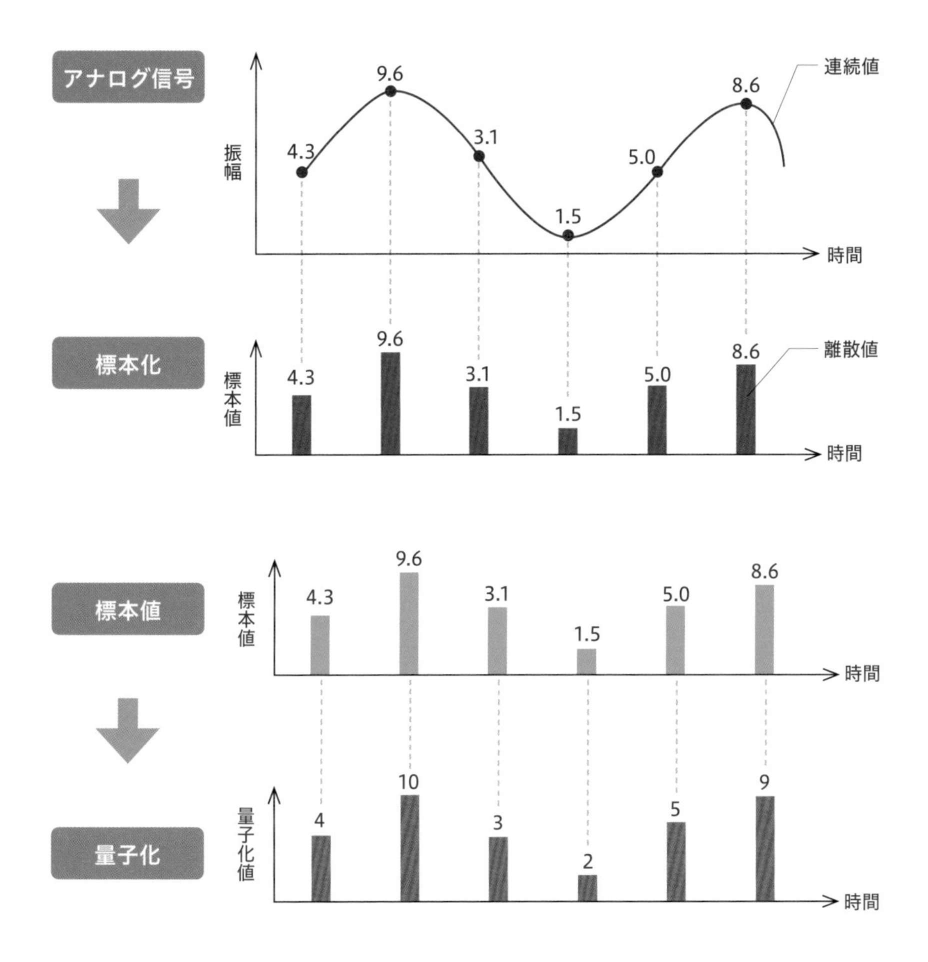

量子化（この例では整数に量子化している）によって小数部が四捨五入されるので小数部の情報が減少します。この量子化によって生じる誤差のことを**量子化誤差**と呼びます。

標本化する間隔を狭くし、量子化するビット数を大きくすればアナログ信号をより正確にデジタル信号にすることができますが、そうするとデジタル信号の容量が大きくなってしまい、ネットワークで送信しようとするときに時間がかかってしまいます。逆に標本化間隔を広くし、量子化ビット数を小さくすればデジタル信号の容量は小さくできますが、デジタル信号とアナログ信号との差が大きくなってしまいます。そのため、標本化する間隔や量子化ビット数は送りたいデータやネットワークの状況によって変更してから送る必要があります。

ネットワークでの通信には、送りたい情報をデジタル化した値（ビット列）が使用されます。この 2 進数で表現されたデータの各ビット（各桁）を 1-5 で説明したように電気信号などに変換して、ネットワークに送信することによって通信が行われています。

このようにアナログデータをデジタルデータに変換をしてから通信を行う回線に送ります。5 章で詳しく説明するインターネットに接続する回線としては、**電話回線**、**光ケーブル**、**無線**が代表的です。

電話回線を使ってインターネットに接続する方法には、**ダイアルアップ接続**や **ADSL**（Asymmetric Digital Subscriber Line）などがあります。ダイアルアップ接続は、電話で音声通話をするときと同じようにインターネットに接続されているダイアルアップサーバに電話をかけて接続し、通信したいコンピュータからモデム*を使ってデータを送信・受信し、通信のやりとりをします。ADSL も電話回線を使用してインターネットに接続して通信を行いますが、ダイアルアップ接続と違って音声通話で使用している帯域より高い周波数の帯域で通信をします。ダイアルアップ接続、ADSL 接続ともに通信されるデータはアナログ信号として電話回線に送られ、通信されます。

電話回線がデジタル化された **ISDN**（Integrated Services Digital Network）は直接デジタル通信ができます。最近では電話回線が光ケーブルになり、デジタル通信を行えるようになっています。また、無線接続は公衆の無線 LAN や携帯電話網を使用してインターネットに接続します。

これらの接続のうち、電話回線のように通信速度が遅い（通信帯域が狭い）回線を使って接続することを**ナローバンド接続**、光ケーブルでの接続など通信速度が速い（通信帯域が広い）回線で接続することを**ブロードバンド接続**と呼んだりもします。

◆ ブロードバンドの利用状況

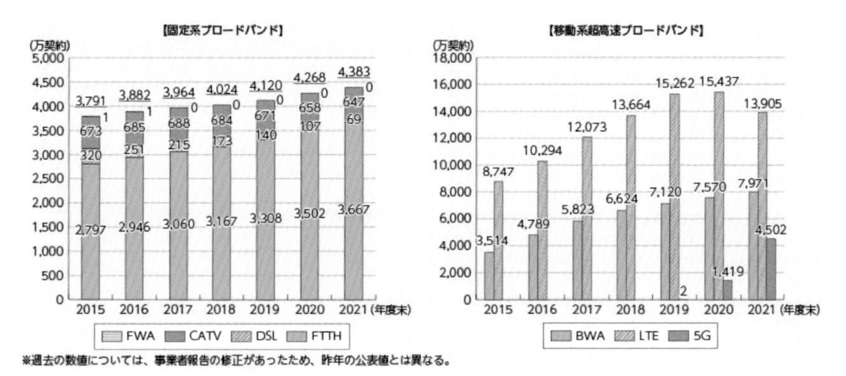

固定系では光回線（FTTH）の普及が進み、携帯電話網ではLTE（第3.9-4世代）から5Gへの移行が始まっている（図：総務省「情報通信白書 令和4年版」第2部第2節(5)ブロードバンドの利用状況より https://www.soumu.go.jp/johotsusintokei/whitepaper/ja/r04/html/nd232250.html）

＊モデムとは、通信したいデジタルデータをアナログ回線に合うように変換する「変調」と通信されたアナログ信号をコンピュータで扱えるようにデジタルデータに戻す「復調」する機器で、変調（Modulation）と復調（Demodulation）の頭の文字を組み合わせて「Modem」と名前がつけられています。モデムは、デジタルデータを音声を伝送する電話回線の帯域300Hz～4000Hzへの変換やADSLにおいては音声を伝送する帯域より高い4000Hz以上に変換する場合があります。

2-2

規模による分類と形状による分類

一言でネットワークと言っても、目の前にいる友人とそれぞれゲーム機を持って対戦するネットワークもあれば、世界中の顔も知らない人とつながるネットワークもあります。ここではネットワークをその規模によって分類してみましょう。

家の中でのネットワークや企業や組織内のネットワークなど、比較的近い距離にあるコンピュータをつなげる限定的なネットワークをローカルエリアネットワーク（**LAN**：Local Area Network）と呼びます。特に家庭内で構成されるネットワークを「家庭内LAN」、会社内のLANを「社内LAN」と言います。また、無線でコンピュータを接続したネットワークを「無線LAN」と呼びます。

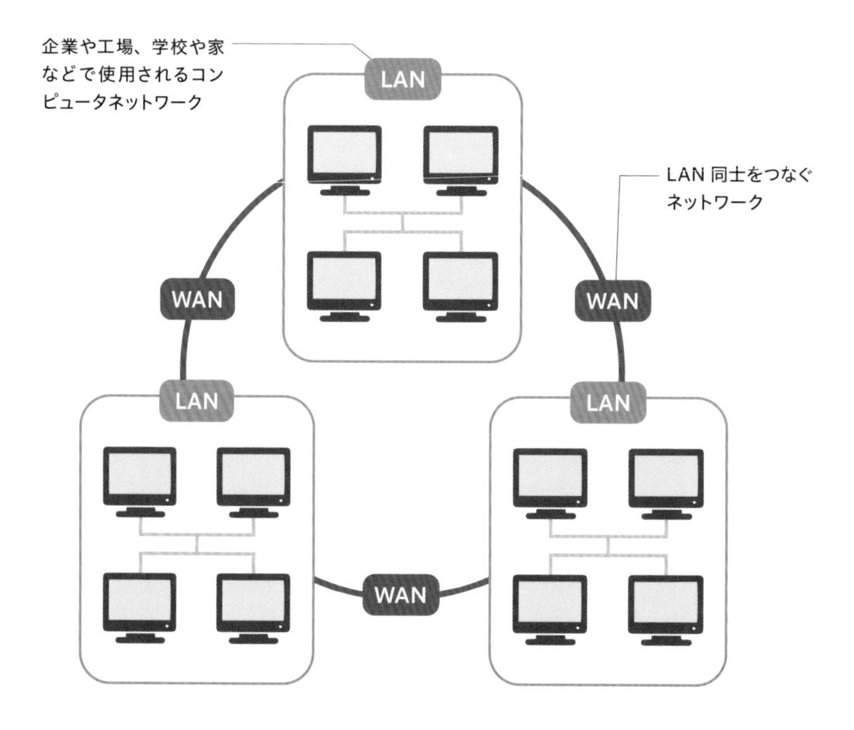

このLAN同士がつながって広い範囲でコンピュータ同士がつながっているネットワーク（直接コンピュータがつながっているのではなく、ネットワークとネットワークがつながることによってコンピュータ同士がつながっている）をワイドエリアネットワーク（**WAN**：Wide Area Network）と呼びます。

このLANとWANの間にもう一つ、町や都市の規模でつくられるネットワークをメトロポリタンエリアネットワーク（**MAN**：Metropolitan Area Network）と呼んでいます。このMANもLAN同士がつながることでネットワークが構成されます。

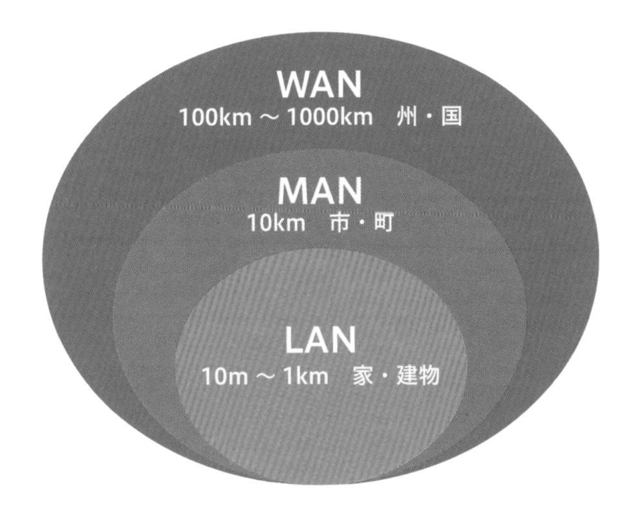

規模以外の分類方法として、ネットワークの形状（「ネットワークトポロジー」とも呼ぶ）によってネットワークを分類することもできます。

バス型は1本のケーブルに通信する機器がぶら下がっているようなネットワークの形状です。1本の基本となるケーブルは主に同軸ケーブルが使用されていて、ケーブルの両端にターミネータと呼ばれる輻輳（ふくそう）（アクセスの集中／通信の混雑）を防ぐ機器を接続してネットワークを構築します。

このバス型は低予算で構築することができますが、基本となるケーブルのどこかが切断されると通信できなくなります。

リング型はバス型の両端を接続してリング（円）にしたネットワーク構造です。リング型での通信はトークンと呼ばれるネットワークを送信する権利が使用されていて、そのトークンを持っているコンピュータだけが通信できるようにして通信の制御を行っています。

スター型は最も一般的に使用されているネットワーク構造で、集線機器（ハブ）にケーブルが接続されています。スター型は階層構造を持つことができ、自由度が高いのでLAN内の接続でよく使用されています。

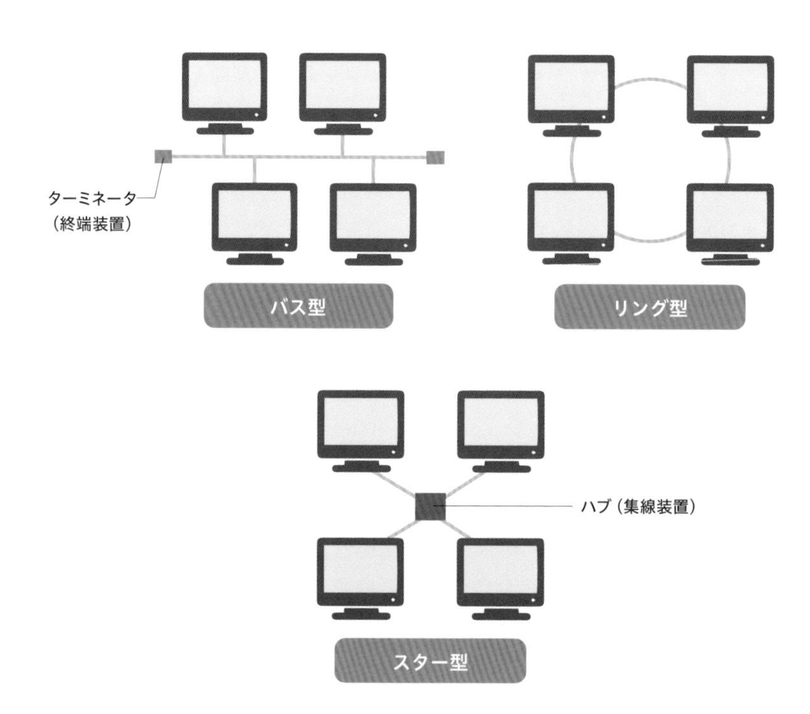

2-3
パケット交換と回線交換

ここまでの説明で、ネットワーク上でどのようにしてデータの通信が行われているのか、おぼろげながらでもイメージできるようになってきたのではないでしょうか。難しいのは、どの内容も「これがこうなっている」と目の前で実際に見せながら説明することができないことです。

同じように、ネットワークの話の中には「パケット」という言葉がよく出てきます。このパケット（3 章で詳しく説明する OSI 基本参照モデルや TCP/IP の層によっては「フレーム」「セグメント」などとも呼ばれる）は、英語で書くと「Packet」で、日本語では「小包」「小箱」などを意味します。ネットワークの通信においては、送りたいデータをひとまとめに扱うことはせずに、分割して複数の「小さいかたまり」にして、それらを個々に送って、送られた側でまとめて元のデータにしています。簡単に言えば、引っ越しをするときに家の中身を一度に移動させることはできないので、それぞれ段ボールに入れて運びますよね。コンピュータ同士の通信でも同じようなことが行われていて、その段ボールのことをパケットと呼んでいます。

送りたいデータをパケット化して相手先に送る方法（方式）には、回線交換方式とパケット交換方式の 2 つがあります。

回線交換方式は、送りたい宛先までの経路（回線）をあらかじめ作成し、占有してデータを送る方式です。この方式だと、経路（回線）を独占して使用できるため、他のパケットに邪魔されずに早く通信することができます。一般的な電話もこの回線交換方式が採用されています。電話をかけるときは、話したい相手（ネットワークでは「データの送り先」）と電話回線（ネットワークでは「通信経路」）をつなげて、他の人から邪魔されないようにしてから話（ネットワークでは「通信」）を始めます。

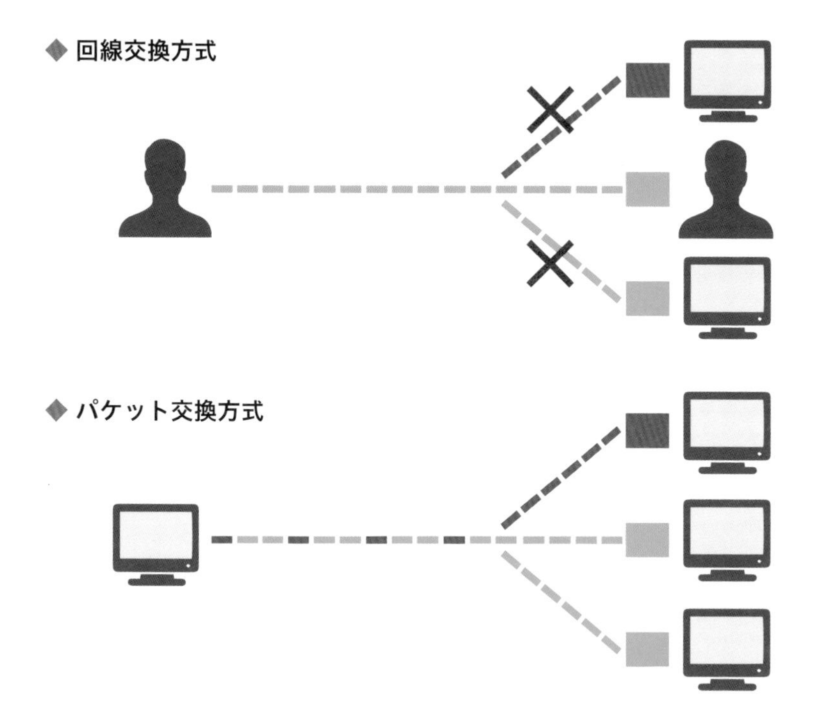

もう一つの**パケット交換方式**は「バケツリレー」に例えられることが多いです。回線交換方式と異なり、送りたい相手との通信経路をあらかじめ作成しません。近くの人（ネットワークでは「中継器」）にパケットを渡して、渡された人はそのパケットに示されている宛先を見て、その宛先に近い人（実際の距離が近い中継器とは限らない）にまたそのパケットを渡します。これを繰り返すことにより、送りたい相手にパケットを届け、受け取った人はそれらのパケットを組み合わせて元のデータを作成（復元）します。イメージとしては宅急便で荷物を送る場合と同じような感じですね。この方式では、通信経路をあらかじめ作成（確立）させないため、回線交換方式と比較して通信に時間がかかることが多いですが、多くの人が同時に通信をしようとした場合には、ある特定の人だけが通信して他の人が待たされるという状況にはならないので、多くの人が同じように通信しているように見えます。実際のネットワークでは、このパケット交換方式が主流になっています。

2-4
通信方式

ネットワークは、通信をするコンピュータの役割によってクライアント・サーバ型とピアツーピア（P2P：Peer to Peer）型に分類することができます。

ネットワークを使ってコンピュータが通信することを考えると、ホームページを見るときのように情報を提供するコンピュータ（サーバ）と情報を受信するコンピュータ（クライアント）があるときがあります。このように情報を提供（送信）する側と受け取る（受信）する側というように仕事が分かれているタイプの通信方法を**クライアント・サーバ型**の通信と言います。

クライアント・サーバ型の通信は、情報を提供する側と受ける側がはっきりと区別されているので、同じ内容のデータを複数のクライアントが参照するときなどには有効に活用ができますが、同時に多数のクライアントがサーバと通信をした場合には、サーバの性能によっては全クライアント

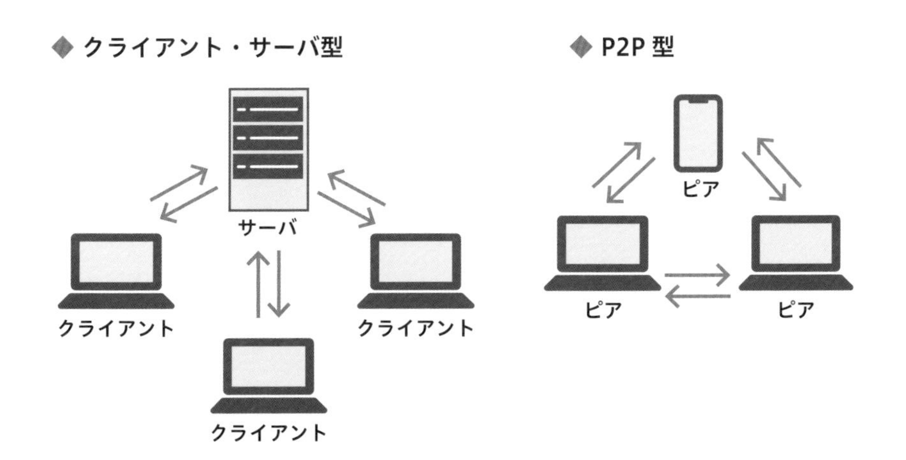

への通信が困難となり、通信に時間がかかってしまう場合やサーバが停止してしまう場合があります。ピアツーピア接続では、どこかに通信が集中することがないので、特定のコンピュータが大変になることはないのですが、同じ情報を多数で共有しようとした場合には同じ内容の通信を複数回しないといけないというデメリットがあります。

IP電話などの通信の場合には、相手との電話をつなぐところまではサーバ・クライアント方式が利用されていて、相手とつながって話を開始したらピアツーピア接続となってデータ（声）のやりとりを行うように、2つの接続方式を効率よく切り替えて使っています。

一方、携帯端末でゲームをしている場合だと、どちらかが送り側・受け側ではなく、お互いに情報を提供したり受け取ったりして通信をしています。このように1対1で対等にデータを送信・受信するような通信形態を**P2P型**の通信と呼びます。

情報通信の取り決め

この章で学ぶ主なテーマ

通信の階層化
通信プロトコル
OSI 基本参照モデル
TCP/IP モデル
標準化機構

「身近なモノやサービス」から見てみよう！

Napat Chaichanasiri / Shutterstock.com

突然ですが、みなさんはレンタルショップで映画を借りるときに何を借りると言っているでしょうか？　以前は「(映画の) DVD」だったかもしれませんが、今は「ブルーレイ」と答える人が多いかもしれません。

ブルーレイは正確には「ブルーレイディスク」と呼びますが、実はブルーレイの発売時、その対抗馬として「HD-DVD」という同じようなものがありました。どちらも DVD の後継にあたる光ディスクの規格です。ブルーレイディスクはソニーやパナソニックといったメーカーが中心に開発を進め、もう一方の HD-DVD は東芝や NEC などが中心になって開発を進めていました。

発売当初はHD-DVDがマイクロソフト社やインテル社の支持を受けてブルーレイディスクを抑え販売を伸ばしていましたが、アメリカの映画会社の多くがブルーレイディスクを支持したため、映画はブルーレイディスクを使って販売されることが多くなり、だんだんHD-DVDの勢いがなくなっていきました。結局、今ではほとんどのコンテンツがブルーレイディスクで販売されており、ブルーレイディスクが私たちの「当たり前」になって現在に至ります。

このように、公的機関などが標準化を決めたり認証したりしなくても、多くのユーザーや利用者が支持することにより、事実上の標準になることをデファクトスタンダードと言います。この言葉はこの章の中でも何度か登場しますので、ぜひ覚えておいてください。

3-1 通信の階層化

みなさんはパソコンやスマートフォン使って何をしているでしょうか？ホームページを見たり、メールをしたり、SNSに投稿したり、YouTubeで動画を見たり、いろいろなことをしていると思います。ここに挙げたそれぞれで通信が行われていますが、ホームページを見る用の通信の方法、メールを読んだり書いたりする通信の方法というようにすべて異なる方法だったとしたら、一つひとつの通信方法に個別の通信ルール（規則）を決めていかないといけなくなります。このようなことを避けるために、それぞれ別のアプリケーションを使った通信でも共通に使用できるところは共通に使用することで効率化が図られています。

ここでカレーと卵焼きを作るケースを考えてみましょう。どちらもまったく違った料理ですよね。別の料理だからといって、調理用品などをすべて別に用意しないといけないとなると大変です。例えば、ガスコンロやそのガスコンロにガスを送るホースなど、共通で使用できるものは共通で使用すれば効率が良いはずです。ここでさらに、関係する要素や工程を分割して段階的に考えてみましょう。まず、ガスを作るところがあって、次にガスを家まで送るところ、ガスをコンロに送るところ、そしてコンロや調理器具…というように個別で考えることができます。

通信においても同じように、個々の通信ルールを複数の段階（階層）に分けて、共通に使えるところは共通にできれば無駄が少なくなります。このように階層化して共通に使えるところを使うように通信が区分できれば、新しい通信ルールを導入するときにはその通信ルールに特有のところだけを作ればよくなります。

先ほどの料理の例で考えてみると、新たに焼き魚を作ろうとした場合には、フライパンや鍋を焼き網に変えるだけで済みます。また、ガスをやめ

て IH の調理器具に変えたいという場合は、その部分を変えるだけで料理をすることができます。

このように、通信において通信全体を複数の階層に分解して順に積みかねていくことを**通信の階層化**と言います。まず、どんなアプリケーション（Web／メール）を使うのか、どんな通信手段（有線／無線）で送るのかといったブロックに分割して考えていきます。そうやって各ブロックに分割して、各ブロックは他のブロックに影響を与えないようにしておけば、ブロック単位で通信を考えることができるようになり、新たな開発をしたりするときに非常に便利な状態にすることができます。

3-2 通信プロトコル

通信をする場合に特定のアプリケーション同士でルールを決めてやりとりをしていると、その他のアプリケーションはその特定のアプリケーションとは通信ができない状況になって非常に不便です。これは、ある会社の社内システム内では通信ができるけれど、他の会社の従業員はそこに参加することができないことと同じで、広くみんなでミーティングや情報共有をしたいと思ったときに問題になります。そこで、いろいろなアプリケーションが共通に使用できる「約束事」が必要になってきます。このような通信の約束事を**通信プロトコル**（通信規約）と呼びます。

通信プロトコルを階層化された各階層で決めていけば、通信全体で共通の約束事を守って通信できることになります。さらに、各階層は他の階層に影響しないように階層化しておけば、一部の階層の通信プロトコルを変えるだけで違うアプリケーションとしての通信が可能になります。

例えば、Web サイトをノートパソコンで見るときとデスクトップパソコンで見るときの場合を考えてみましょう。どちらも同じように Web サイトを見るための通信をしていますが、デスクトップパソコンの場合は有線でネットワーク通信をしていて、ノートパソコンの場合は無線でネット

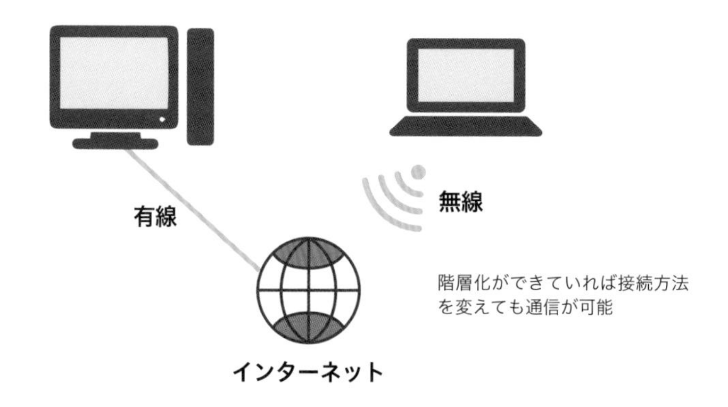

ワーク通信をしています。もし適切に階層化されていれば、ネットワークにつなぐところ（有線／無線）を変えるだけで通信ができるようになり、この場合はノートパソコンを有線でネットワークにつなげれば、他は何も変えなくても通信できるようになります。

現在のネットワーク通信は、各層の通信プロトコルを積み上げていき、通信全体を作っていくようになっています。このプロトコルが積み上がっていることを**プロトコルスタック**と呼びます。

◆ **プロトコルスタックのイメージ**

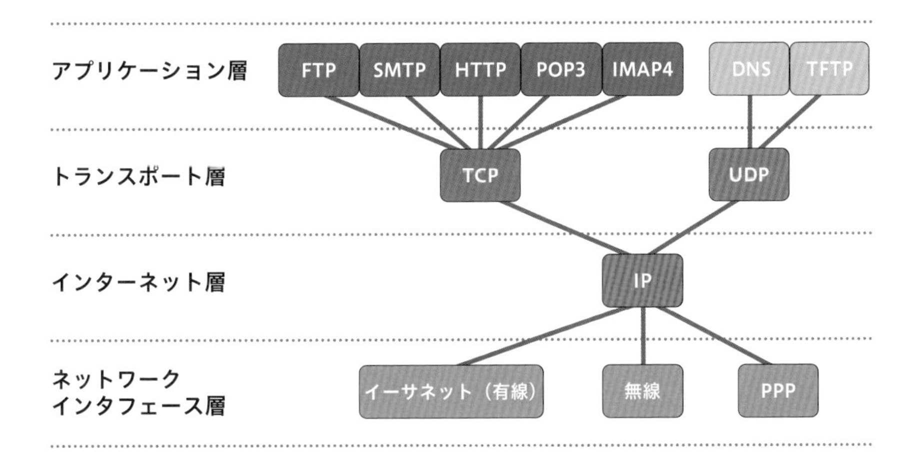

3-3

OSI基本参照モデル

ここまでの説明で、通信手段をいくつかの段階に分け、各段階でプロトコルを決めて、それらを積み上げてプロトコルスタックにすると共通利用ができて便利であることがわかったと思います。しかしながらもし、この階層の分け方が会社やアプリケーションごとに違ったりしたら、その会社内やアプリケーション内では共通に使うことができるけれど、他の会社や他のアプリケーションでは使えなくなるということが起こります。実際に1970年代から1980年代には、「NetBIOS」や「AppleTalk」、「TCP/IP」など階層化された通信プロトコルがいろいろあり、それぞれ同じ通信プロトコル間では通信ができましたが、他のプロトコルとは通信ができず、物理的な線でつながってネットワークを構築していたとしてもお互いに通信ができないということありました。そのため、通信全体をどのように分割して、どのようなプロトコルスタックにするかについて共通の規則が必要になりました。

階層の分け方や各層でのプロトコルの規定の仕方を共通にするため、1977年に**国際標準化機構**（**ISO**：International Organization for Standardization）が設置されました。また、コンピュータが相互に通信するために通信機能を複数に分割し、階層化として表現した**OSI**（Open Systems Interconnection）**基本参照モデル**（「OSI参照モデル」とも言う）が定められました。

次の図は、OSI基本参照モデルにより階層化された通信全体のイメージを示したものです。OSI基本参照モデルでは、通信を「第1層：物理層」「第2層：データリンク層」「第3層：ネットワーク層」「第4層：トランスポート層」「第5層：セッション層」「第6層：プレゼンテーション層」「第7層：アプリケーション層」の7つの層（**レイヤー**）に分割し、階層化します。低レイヤー（低位層）はケーブルや電気信号などの物理的なプロトコルを決める層、高レイヤー（上位層）は実際の通信方式（メールや Twitter などのアプリケーション)のプロトコルを決める層として分割されています。

◆ **OSI 基本参照モデルの 7 階層**

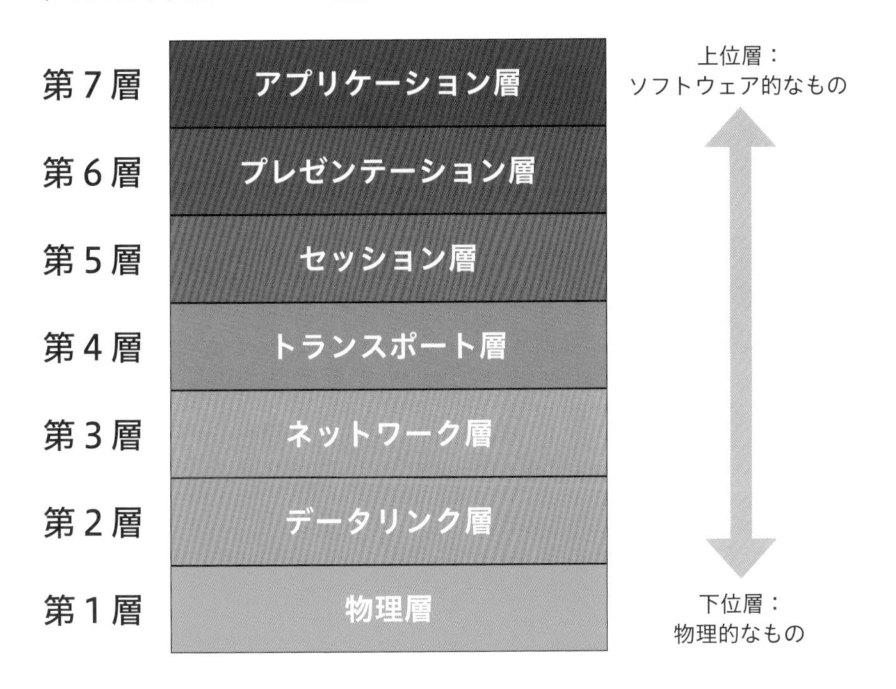

ネットワーク通信をする場合、この OSI 基本参照モデルで分けられた各層を通って実際に通信を行うことができます。ただ、これらの層以外に「第 0 層：建物の構造など」や「第 8 層：個人・財政・政治など」が存在すると言われています。

第 0 層とは、ネットワークを物理的に設置する場合に建物の構造は非常に重要であり、「どうしてもケーブルを通すための穴が開けれない」や「無線の電波が届かない部屋がある」など、第 1 層から第 7 層に含められないケースを想定して生まれたものです。また、施設が停電してしまった場合などに「レイヤー 0 の障害」と呼んだりすることがあります。

他にも、たとえネットワーク環境をしっかり整えたとしても、どうしてもうまく通信ができないことがあります。それは、利用者がうまくコンピュータやソフトウェアを扱えないときです。もしくは、ネットワーク通信にかかる費用を負担できない場合や、勢力争いなどで導入できる通信ソフトウェアに制限がかかる場合などが考えられます。このように、主に人間に関わる部分のことを「第８層」と呼ぶことがあります。半分ジョークのような意味で使われていますが、確かに最後の最後でネットワークがつながらなかったら意味がないですよね。

話が少し逸れましたが、ここからは「郵便」を例にしながらOSI基本参照モデルを理解してみましょう。まず、上位層から見ていきます。**アプリケーション層**では「何を送るのか」ということを考えます。手紙であったり現金であったり、いろんなものを送ることができますが、今回は「DM（ダイレクトメール）」をするとしましょう。このようにアプリケーション層では「何を送る／するのか」ということのみを決めます。

その次の**プレゼンテーション層**では「どのような文体」で書くのかということを決めていきます。今回は「商品・サービスの案内や宣伝に適した文体」となります。また、今回の目的（売り込み）に即して、先ほど決めた文体で書かれた案内状や商品のサンプルといった通信するもの（相手に渡すもの）を決めていきます。

次の**セッション層**では、プレゼンテーション層で決めた送るものを適切に送り届けるために必要な手段を選択し、相手先の住所を書きます。今回の場合は郵便を使って（郵送で）送ります。

さらに**トランスポート層**では、作った郵送物を郵便ポストに投函します。郵便ポストに投函したら、郵便局の職員が回収してくれて適切に相手に届けてくれることがわかっているので安心です。

ネットワーク層では、郵便局員が相手先に郵便物を届けるためのルートを考えます。時には工事中のために道路が通行止めになっているところがあったり、深刻な渋滞が発生したりもします。実際の通信でもこのようなことが起こりますので、それらの情報をもとに、適切なルートを考えて届けてくれます。カーナビゲーションシステムのようなものをイメージしてもいいですね。

この次の**データリンク層**では、実際に郵送物を運ぶ手段を選択します。近距離であればトラックや電車が、長距離であれば飛行機や船などさまざまな手段があります。

最後の**物理層**では、データリンク層で決めた手段を使ってこの郵便を届けるための通信手段の土台を決めます。トラックであれば道路、電車であれば線路を使って荷物を運ぶことになります。実際の通信では、無線なのか有線なのかなどの違いに該当します。

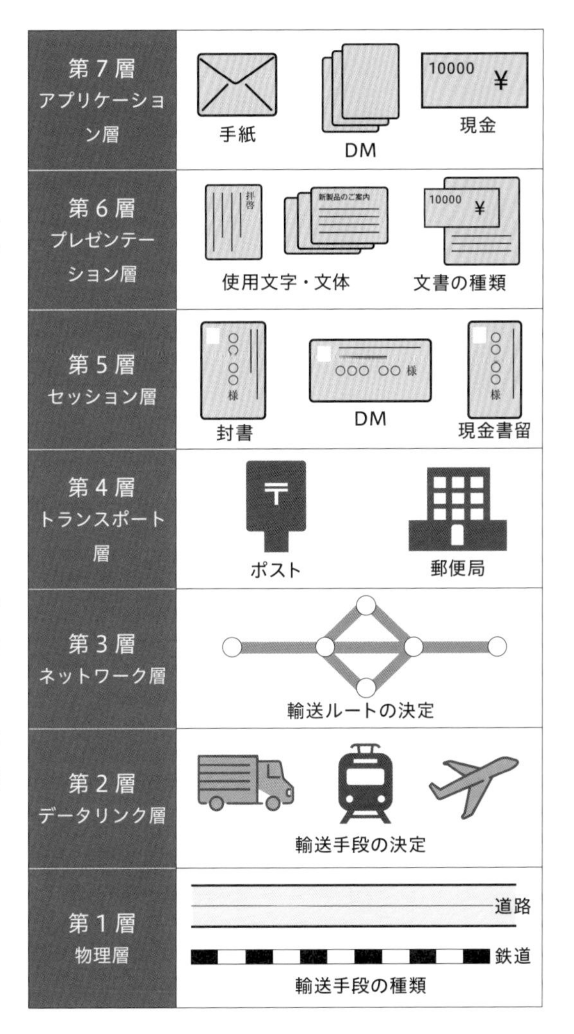

このように通信というものを複数の階層に分割して考えておけば、例えば郵便で送るのをやめて宅急便に変更したとしても、改めて一から全部を考え直す必要がなく、「近くの郵便局」に荷物を持っていくということを「近くの宅配便を引き取ってくれるところ」まで荷物を持っていくことに変えるだけで通信することが可能になります。階層という概念を導入したおかげで、階層ごとに修正や変更が可能になりますので、非常に効率的に通信を実現することができるのです。

Keyword

▶高調波成分
波形や信号中に含まれる基本周波数（基本波）の倍数となる周波数成分のことを指す。特定の周波数のみで構成される信号などには含まれないが、方形波（矩形波）など正弦波の加算で表現するには多くの周波数が必要となる信号には高調波成分が存在する。この高調波成分は、基本周波数の整数倍で存在する。楽器などの信号にも高調波成分は存在し、音色に大きな影響を与える。電気信号では、さまざまな要因で高調波成分が発生し、高調波が加わった信号（ひずみ信号）となる。

▶帯域（bandwidth）
特定の信号や波形が占める周波数範囲のことを指す。帯域は、最低周波数と最高周波数の差で表されることが一般的である。帯域が広いほど、信号はより多くの周波数成分を含むことができ、通信においては高速通信が可能である場合が多い。しかし、帯域を広くすると無線通信などでは帯域間に重なりが生じ、電波干渉などを引き起こす原因となる。

3-4
TCP/IP モデル

前節で取り上げたOSI基本参照モデルに基づき、レイヤーごとのプロトコルが策定され、通信の共通化が図られました。しかしこの当時、先ほど述べたようにすでに複数の通信方式（TCP/IP、NetBIOS/NetBEUI、AppleTalkなど）が存在し、各々の通信手段として利用されていました。これらの方式を取り止め、OSI基本参照モデルに基づいた通信に切り替えようとしたのですが、これには多大のコストがかかり、通信方式の切り替えは進みませんでした。しかし、OSI基本参照モデルの考え方や概念自体はネットワークを説明するのに非常に有益であったため、通信の概念を考えるモデルとして今でも使用されています。

このように、OSI基本参照モデルに基づいた各層のプロトコルは一般的には広く使われてはいませんが、通信方式が乱立している状態では、同じ通信方式内では通信ができるけれど、違う通信方式の間では通信ができないという問題が出てきてしまいます。このような状況を改善するために多くの人が使い出したのが**TCP/IP**（Transmission Control Protocol/Internet Protocol）でした。結果的にTCP/IPは、国や機関などが定めた標準化ではないけれど、みんなが共通に使用する**デファクトスタンダート**として利用されるようになりました。

TCP/IPは1973年にアメリカで開発が始まった通信プロトコル群であり、OSI基本参照モデルのように通信を階層化して作成された通信方式です。TCP/IPはOSI基本参照モデルの7層をより簡略化した4層で構成されています。

TCP/IPの4層は、第1層がネットワークインタフェース層と呼ばれ、これはOSI基本参照モデルの第1層と第2層（物理層とデータリンク層）に相当します。第2層はインターネット層と呼ばれ、OSI基本参照モデ

<table>
<tr><th colspan="2">OSI 基本参照モデル</th><th colspan="2">TCP/IP の階層モデル</th></tr>
<tr><td>第 7 層</td><td>アプリケーション層</td><td rowspan="3">アプリケーション層</td><td rowspan="3">第 4 層</td></tr>
<tr><td>第 6 層</td><td>プレゼンテーション層</td></tr>
<tr><td>第 5 層</td><td>セッション層</td></tr>
<tr><td>第 4 層</td><td>トランスポート層</td><td>トランスポート層</td><td>第 3 層</td></tr>
<tr><td>第 3 層</td><td>ネットワーク層</td><td>インターネット層</td><td>第 2 層</td></tr>
<tr><td>第 2 層</td><td>データリンク層</td><td rowspan="2">ネットワーク
インタフェース層</td><td rowspan="2">第 1 層</td></tr>
<tr><td>第 1 層</td><td>物理層</td></tr>
</table>

ルの第 3 層のネットワーク層、第 3 層はトランスポート層と呼ばれ OSI 基本参照モデルの第 4 層にそれぞれ相当します。最後の第 4 層はアプリケーション層で、これは OSI 基本参照モデルの第 5、6、7 層に対応します。

このように TCP/IP は OSI 基本参照モデルより階層化の階数を減らし、細かい制限を緩和することによって柔軟に使用できるようになっています。しかも、シンプルな構造を持っていて無料で使用できるという利点があり、いわゆる WWW（World Wide Web）という多くの人が使用するホームページを見るときの通信手段として広く利用されるようになっていき、現在のデファクトスタンダードとなっています。

3-5
標準化機構

通信全体を階層化して各層でプロトコルを決めていくと非常に便利なことがわかりましたが、この次に考えることは「プロトコルをどのように決めていけばよいのか」ということです。もし各層のプロトコルが国や企業やアプリケーションによって異なっていたら、それぞれの国や企業や特定のアプリケーション内でしか通信ができなくなってしまいます。世界中でいろいろなアプリケーションが同じ枠組みで通信ができるようにするためにはプロトコルの共通化（標準化）が必要になります。

このプロトコルの標準化には、先ほどの TCP/IP のように多くの利用者が使用するようになったことで事実上の標準（デファクトスタンダード）

◆ 標準化機関の分類

分類	代表例	特徴
デジュール	ISO（情報処理） ITU（情報通信） TTC（国内情報通信）	・公的な位置付け ・透明性かつ公平性を担保 ・大きな潜在市場、途上国・新興国へ影響力有り ・審議に時間とコストがかかる
フォーラム	IEEE （インターネット技術） W3C（Web 技術）	・中立性・公平性なし ・複数の企業等で結成 ・オープンな標準化手続き ・スピーディな標準策定
デファクト	Windows OS （マイクロソフト社） iOS（アップル社） ブルーレイディスク	・製品が市場に広まることで事実上の標準化 ・独占の可能性 ・膨大なリソースが必要 ・失敗のリスク大

になる場合と、国や企業から「標準」として提供される場合があります。この標準を定める機関として、先に登場したISOの他に**IEEE**（Institute of Electrical and Electronics Engineers） や**ANSI**（American National Standards Institute）などがあります。この標準化はネットワークだけに限らず、例えば工業製品の規格においては世界的にはISOとIEC（International Electrotechnical Commission）、日本国内においてはJIS（Japanese Industrial Standards）が有名です。

標準化することによって、どの製品を買ってもネットワークに接続できたり、同じ規格になることで大量生産によるコスト減が可能になるなど、ユーザや企業、社会にとっても大きなメリットがあります。

◆ 標準化によるメリット

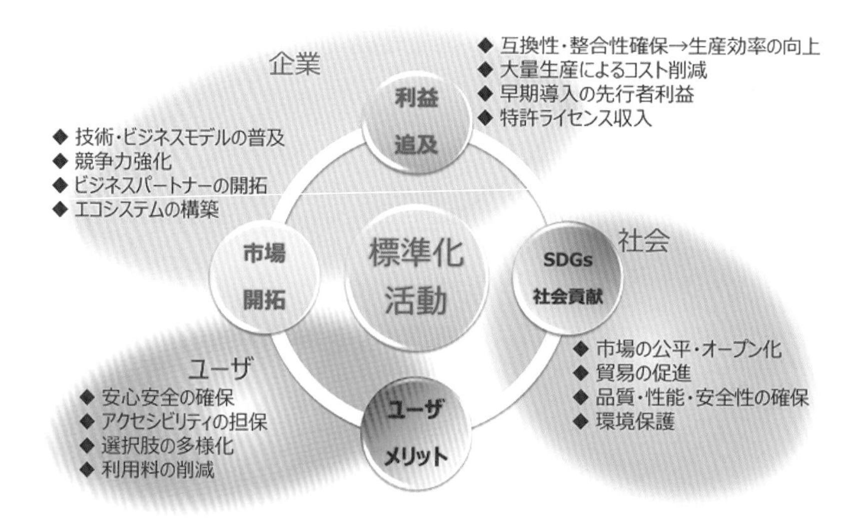

図：一般社団法人情報通信技術委員会（TTC）ウェブサイト（https://www.ttc.or.jp/activities/sdt_igi）より。
前ページの分類表も掲載情報（2023年8月時点）をもとに作成。

近い機器をつなぐネットワーク

OSI 基本参照モデル：第1層、第2層

この章で学ぶ主なテーマ

LAN 内の通信
物理層
データリンク層
ハブの役割
イーサネット
無線 LAN

「身近なモノやサービス」から見てみよう！

近くにいる人と「通信」をしたいと思ったとき、まずどういう方法があるでしょうか。一番簡単なのは「声」と「言葉」で相手にメッセージを伝えることですよね。みなさんも子どもの頃に「糸電話」を作ったことがあると思いますが、これも立派な通信手段の一つです。

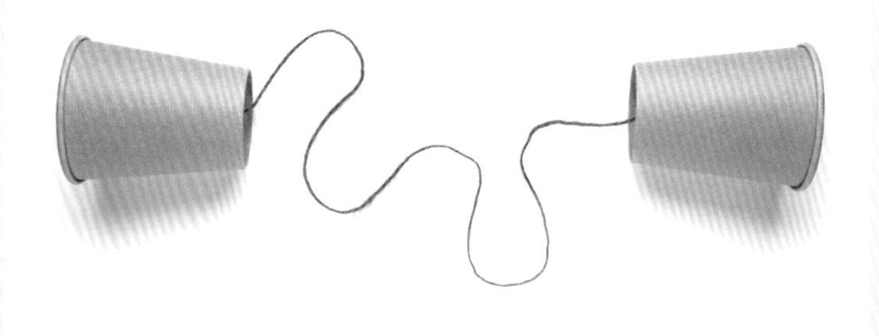

糸電話は、声が紙コップの底に届くことによって底が振動して、その振動が糸を通じて相手側の紙コップに伝わり、相手側の紙コップの底を振動させることで「音」として相手に届けるものです。これをコンピュータを使った通信で考えれば、声という情報を0と1の電気信号に変換して、糸が伝えている振動の代わりに電気信号を相手側に送って、相手側でその電気信号を再び声に変換する、と考えられます。

コンピュータ同士の通信は、今は世界中ほぼどこでも通信できるようになっていますが、糸電話の場合はどのくらいの距離の通信ができるか考えてみましょう。糸電話だと、情報を伝えるのは「糸を伝わる振動」ですね。できるだけ遠くまでこの振動を伝えるためには、まず糸をピンとしっかり張ることが重要です。ちなみに振動を伝えることができれば良いので、糸の代わりにエナメル線を使っても糸電話（厳密には糸でないので「糸」電話ではないですが…）を作ることができます。

さて、では一体どこまで糸電話で情報を伝達することができたでしょうか。ギネス記録(Longest functional tin can telephone)では、2019年8月に千葉県で242.62メートルを達成してギネス記録に認定されました。その後、2022年10月にイギリスで373.79メートルの記録が受理されて、今ではこの記録がギネス記録になっています。ちなみに、あるTV番組の企画では、糸とは別の材質を使った場合で800メートル先まで声を届けることができたそうです。

コンピュータ同士の通信では、電線や光ファイバケーブルの中で電気信号や光信号が送られています。実は、これらの信号も途中で減衰してしまいますが、増幅を繰り返し行うことで遠くの場所まで届けることができています。この章では、まず近くにあるコンピュータをつないで通信する方法から見ていきます。

4-1

LAN 内の通信

ネットワークを介した通信として、まずみなさんがイメージするのはインターネットを使って世界中のコンピュータと通信をすることだと思いますが、ここではもう少し身近な通信ネットワークに目を向けてみましょう。仮に、目の前に 2 台のコンピュータがあってデータのやりとりをしていたら「通信をしている」と言えますし、それを 2 台のコンピュータで作られているネットワークと呼ぶこともできます。まずは近くにあるコンピュータ同士がどのように通信をしてネットワークを作っているのか見ていきます。

近くにあるコンピュータの通信は 2-2 で取り上げた **LAN**（Local Area Network）に分類されます。この LAN 内で使用されるプロトコルとして主なものが**イーサネット**（Ethernet、規格：IEEE802.3）です。

◆ ALOHA ネットのしくみ

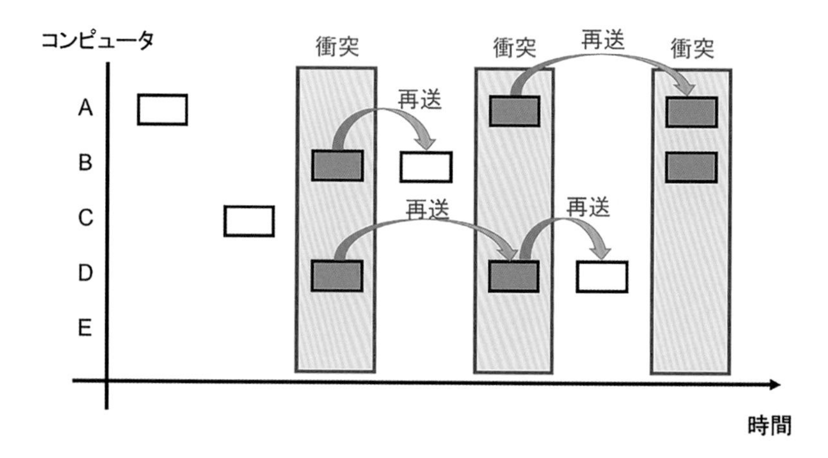

ちなみに、イーサネットの基になったシステムは **ALOHA**（Additive Links on-line Hawaii Area)**ネット**だと言われています。このALOHAネットは1968年にハワイ大学で開発され、ハワイの島の間を無線通信するものでした。この無線通信には、データを送信したときに他の通信と衝突していないかを確認する現在のイーサネットのベースになる技術が使われています。左ページの図に示すように、複数のコンピュータが同時刻に通信を行うとデータ同士で衝突が起こることがあります。このような場合は、時間をずらしてもう一度送り直し（再送）して通信をしていました。この無線がケーブルに置き換わり、今のイーサネットに進化してきたという歴史があります。

◆ **イーサネットの発展の歴史**

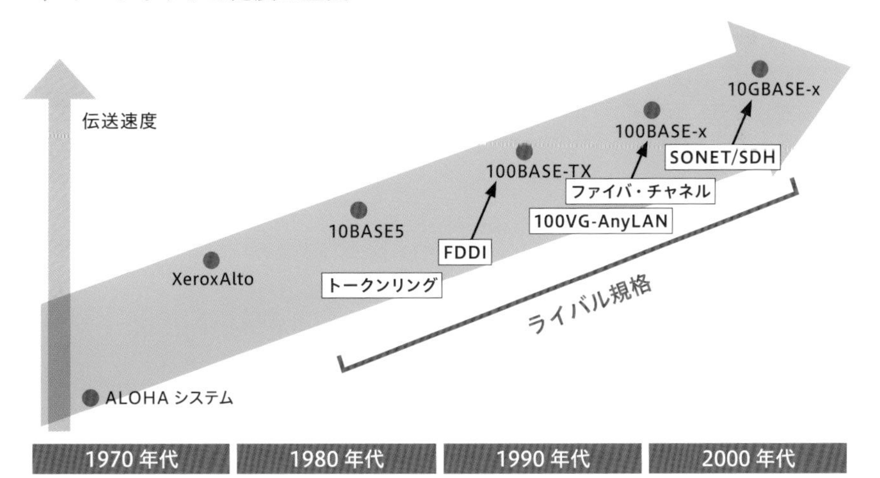

ライバル規格に比べてより高速で安価なイーサネットの普及が進んだ。伝送速度は1990年以降、約10倍のペースで高速化してきた（図：wikipedia「イーサネットの発展」by Tosaka をもとに作成）

イーサネットはOSI基本参照モデルで言うと、第1層「物理層」と第2層の「データリンク層」にまたがるプロトコルです。イーサネットの詳しい説明はあとの4-5で行いますので、その前にOSI基本参照モデルの物理層とデータリンク層について見ていきましょう。

4-2 物理層

OSI 基本参照モデルの第 1 層である**物理層**は、その名の通り物理的なことを決めている階層です。この物理層のプロトコルは、ネットワーク内に流れるデータの形式やその信号を電気信号や無線に変える方法などを決めています。また、ケーブルやコネクタなどのハードウェアの仕様も決めています。物理層のプロトコルで決められているケーブルの代表的なものとして同軸ケーブルやツイストペアケーブル、光ファイバケーブルなどがあります。

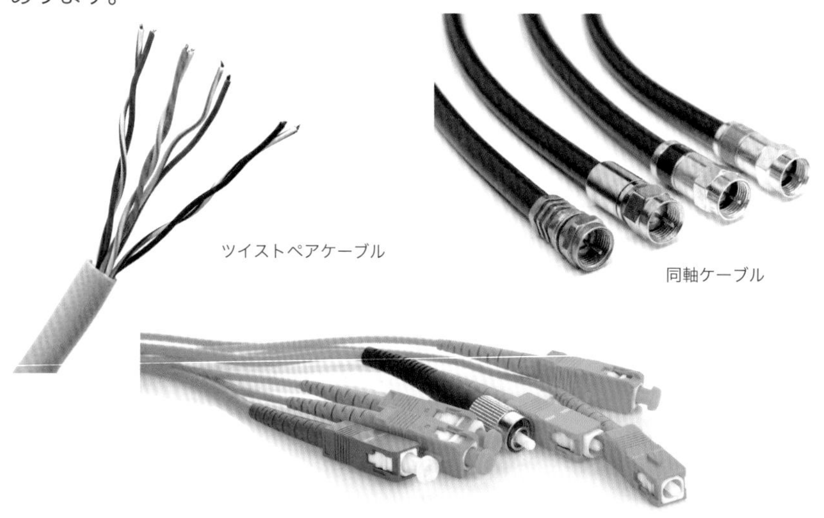

ツイストペアケーブル

同軸ケーブル

光ファイバケーブル

同軸ケーブルは今では通信ではあまり使われていませんが、中心導体を囲む外部導体がシールドの役割をするため、電磁波などの影響を受けにくい構造になっています。

ツイストペアケーブルは家庭内などでネットワークを構築する際に用いられるケーブルで、2 本の電線を撚り合わせて（ツイストさせて）います。通信に用いられるのは 8 極 8 芯のものがほとんどで、1 本のケーブル内

◆ 同軸ケーブルのしくみ

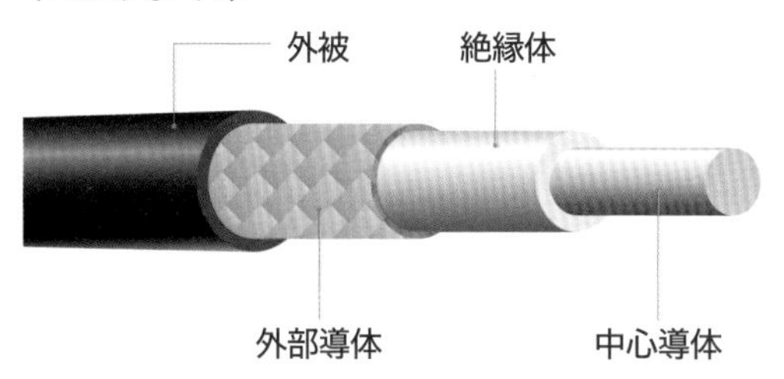

に４つの撚り合わされた電線（合計８本）が入っています。撚り合わすことにより、並行に並べるよりも別の線への悪影響を減らすことができます。

光ファイバケーブルはケーブル内部のガラスやプラスチックに光を屈折させて信号を送るケーブルです。電気で信号を送らないので電磁誘導などのノイズに強く、伝送損失が小さいため長距離を高速で信号を送ることができます。ただし、鋭角に曲げてしまうと内部のガラスやプラスチックが壊れてしまい、通信ができなくなることがあります。

ツイストペアケーブルをコンピュータやハブに接続するコネクタとして、モジュラージャック型のRJ45などがあります。このコネクタは内部に８つの接点があり、ツイストペアケーブルの１本ずつのケーブルが接続されるようになっています。このコネクタを使うことによって通信したい機器同士が接続され、通信ができるようになります。

LANケーブル（ツイストペアケーブル）

一般的なイーサネット用の接続ポート（RJ45）（画像：wikipedia「Ethernet port」by Amin）

内部に８つの接点がある

4-3
データリンク層

OSI 基本参照モデルの第 2 層となる**データリンク層**は、LAN 内で送受信されるデータの形式を決めるプロトコルを規定します。まず、LAN 内のコンピュータをネットワークにつなぐためにはコンピュータをネットワークにつなげるインタフェース（**NIC**：Network Interface Card）が必要となります。

NIC（ネットワークインタフェースカード）の例。「LAN カード」とも呼ばれる。

ネットワークでつながったコンピュータの通信を考えると、どのコンピュータからどのコンピュータに通信をしたいかをはっきりさせないといけません。郵便なら住所を書けば送りたいところに届くように、コンピュータ同士の通信でも送りたいところを送信するデータに書き込めば、相手にデータを送ることができます。実はコンピュータにも住所のようなものがあります。LAN 内での通信の場合、この住所のようなものは NIC についていてデータリンク層のプロトコルで規定されています。

この NIC につけられている住所のようなものは **MAC**（Media Access Control）**アドレス**と呼ばれ、48bit（ビット）で構成されています。MAC アドレスは、NIC に固有のアドレスで工場出荷時に決められていて普通は書き換えることができません（別名、**物理アドレス**〈Physical address〉と呼ばれたりもします）。このMACアドレスを通信データに書き込むことによって送信先のコンピュータや送信元のコンピュータを特定していきます。

MACアドレスは48bitで構成されていますが、0と1が48個並んでいてもわかりにくいので、8桁をまとめて16進数で表記することが多いです。16進数表記された最初の6桁はベンダコード（OUI：Organizationally Unique Identifier）と呼ばれ、NICを作成した企業などの識別番号となっているほか、残りの6桁は各ベンダが決める番号となっています。

◆ **MACアドレスの表記**

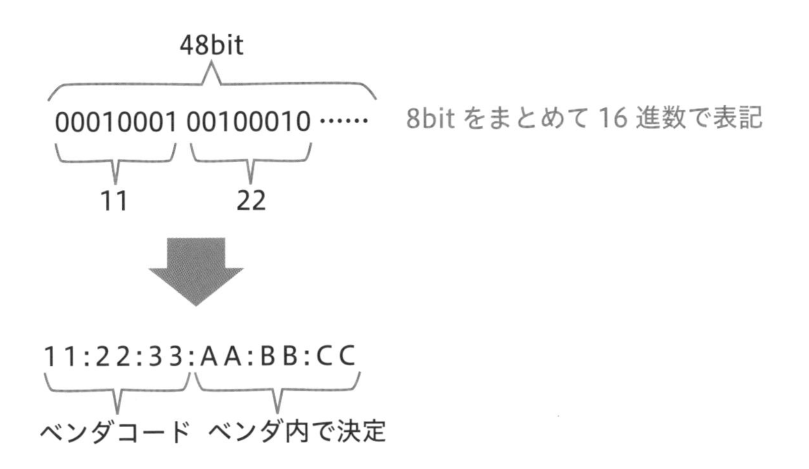

4-4
ハブの役割

2台のコンピュータ間で通信を行う場合には、NICを持っているコンピュータをケーブルで接続すれば通信ができますが、さらに数を増やして複数のコンピュータ間で通信を行う場合には、それぞれのNICから出ているケーブルを集約する集線装置（**ハブ**）が必要になります。

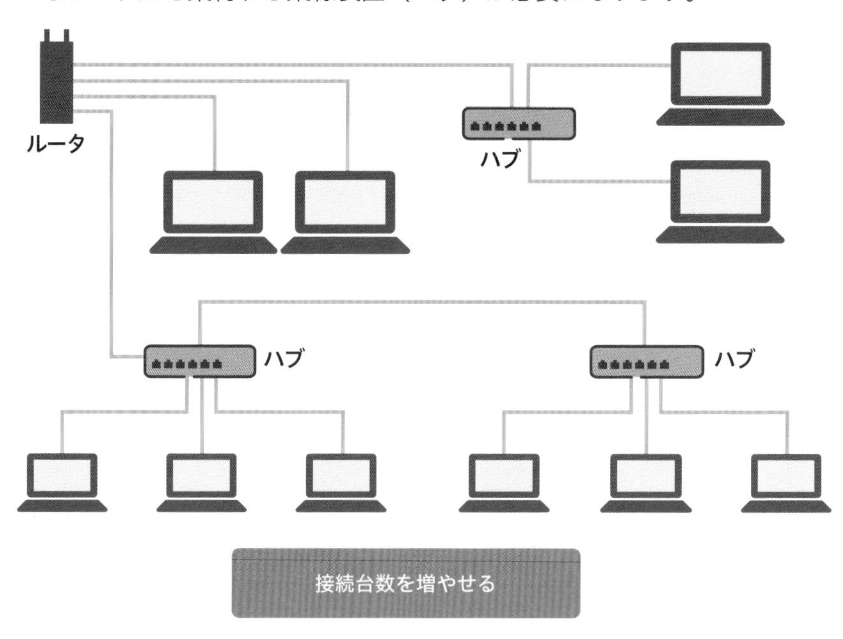

接続台数を増やせる

ハブには単純にケーブル同士をつなげる役割をしている**リピータハブ**と、MACアドレスを見ながら通信を行う**スイッチングハブ**があります。

リピータハブによって接続されているネットワークでは、コンピュータAからコンピュータCへ通信する際、コンピュータAから送られたデータはネットワーク全体に送られることになります。つまり、そのデータの通信相手ではないコンピュータBやコンピュータDもデータを受信することになります。データを受け取ったコンピュータは、送られてきたデータ内に書き込まれているMACアドレスを見て自分宛のデータかどうかを判断し、自分宛でなかった場合にはそのデータを破棄します。

◆ リピータハブのしくみ

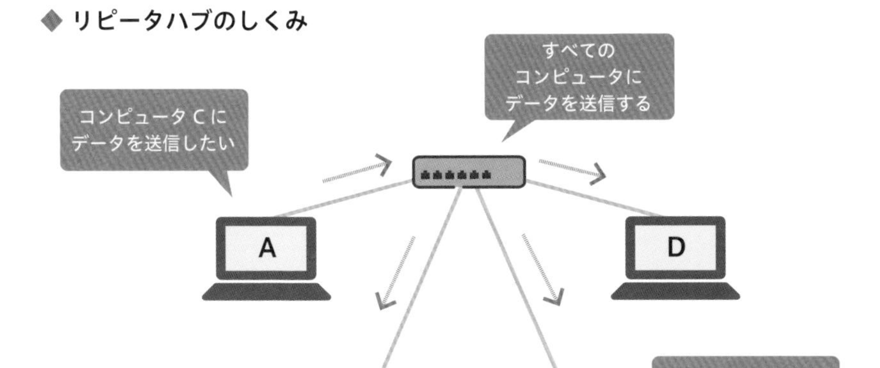

このように、リピータハブで接続されたネットワークで通信した場合はネットワーク全体にデータが送信されてしまうため、同時に複数の通信を行うことができません。もし同時に通信が行われると、送信されたデータ同士が衝突（コリジョン）して正確なデータを送受信することができなくなってします（データが変換された電気信号で考えると、同時に通信された場合には電気信号が重なり、電圧が変わって正確なデータが送れなくなります）。こうした通信の際のデータ衝突をさけ、効率的な通信を行うために **CSMA/CD**（Carrier Sense Multiple Access with Collision Detection）などの制御が必要となります。

CSMA/CDは複数のコンピュータで通信する際に、まず誰かが通信していないか（ネットワーク上にデータがないかどうか）を確認します。もし誰かが通信していれば、一定時間待ってまた通信の確認をします。そして、誰も通信していないことを確認してから通信を行います。同じことを他のコンピュータも行っていて、通信を行うタイミングが同じになった場合はデータが衝突します。コンピュータはデータを電気信号に変えて通信するので、もし衝突が起これはその電気信号が変わり、通信が正しく行われていないことがわかります。データを送るコンピュータは送った電気信号が衝突していないか確認をして、衝突していることがわかれば、もう一度同じようにデータを送り直します。このようにして、一つのネットワークで複数のコンピュータがデータのやりとりを行います。

一方、スイッチングハブによってつながっているネットワークの場合、この図のようにスイッチングハブが送られるデータのMACアドレスを確認してから、そのコンピュータがつながっているポートにのみデータを送ります。そのため、同時に複数の通信をすることができます。

◆ スイッチングハブのしくみ

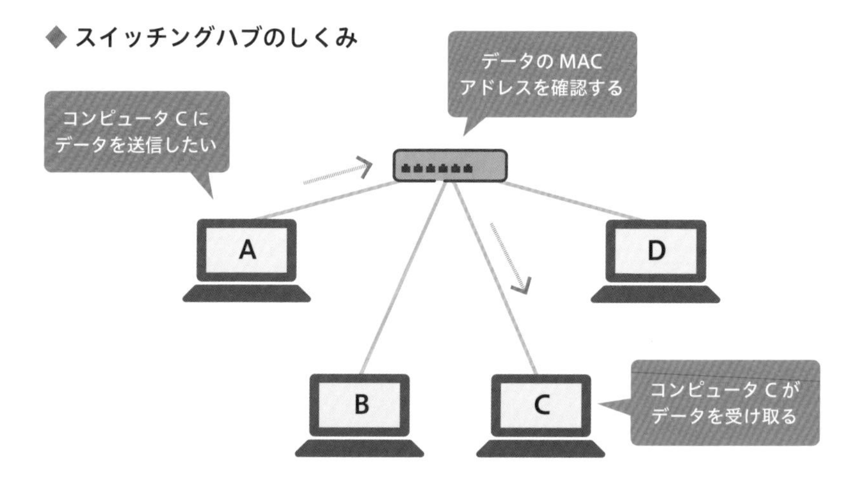

スイッチングハブを初めてネットワークにつなげた場合は、そのスイッチングハブの各ポートにどのようなMACアドレスを持ったコンピュータがつながっているのかがまだわかっていませんので、目的のコンピュータだけにデータを送ることはできません。そのような場合には、リピータハブと同じようにすべてのポートにデータを送ります。ただ、その際に送ってきたコンピュータのMACアドレスはわかるので、そのMACアドレスをポートに記憶します。これを繰り返すことによって、すべてのポートにMACアドレスを割り当ててスイッチングをするようになるのです。

4-5

イーサネット

TCP/IPモデルではOSI基本参照モデルの第1層と第2層が合わさったネットワークインタフェース層でこれら2層のプロトコルを一緒に規定していることは先に説明通りです。このTCP/IPモデルのネットワークインタフェース層にあたるLAN内通信のプロトコルで、最も使用されているのが**イーサネット**（Ethernet）です。

ちなみに、イーサネットのイーサ（Ether）は日本語で表すと「エーテル」となります。エーテルとはその昔、光の波動説において宇宙に満ちていると仮定されていたもので、光を伝えるために必要だとされていました。この「光を伝えるもの」という意味が語源になってイーサネットという名前になったのです（ただ、現在ではこのイーサ／エーテルの存在は科学的に否定されています）。

イーサネットの開発は1973年にアメリカのゼロックス社のパロアルト研究所から始まりました。その後、**IEEE802.3**の規格として世界的に標準化されました。下の表は代表的なイーサネットの標準化された名称とその標準化規格名です。このようにイーサネットは時代を経てどんどん改良され、その都度標準化されてきました。

名称	最大速度	最大長	ケーブル	標準化規格	標準化年
10BASE-5	10Mbps	500m	同軸ケーブル	IEEE802.3	1983年
10BASE-2	10Mbps	185m	同軸ケーブル	IEEE802.3a	1985年
10BASE-T	10Mbps	100m	ツイストペアケーブル（CAT3、CAT5）	IEEE802.3i	1990年
100BASE-TX	100Mbps	100m	ツイストペアケーブル（CAT5、CAT5E）	IEEE802.3u	1995年
1000BASE-T	1Gbps	100m	ツイストペアケーブル（CAT5E、CAT6）	IEEE802.3ab	1999年
10GBASE-T	10Gbps	100m	ツイストペアケーブル（CAT6A、CAT7）	IEEE802.3an	2006年

イーサネット（IEEE802.3 の標準化）においては、ケーブルや通信速度以外に通信されるデータの形式（bit 形式）も規定されています。イーサネットでは、送りたいデータを**イーサネットフレーム**と呼ばれる形にしてから送信しています。これには送信元と送信先の MAC アドレスが書かれていて送受信ができるようになっています。イーサネットフレームの最後の 32bit には FCS（Frame Check Sequence）と呼ばれる巡回冗長符号（CRC：Cyclic Redundancy Code）がつけられていて、送受信されるデータが受信先で正しいかどうかの判断に用いられます*。

◆ **イーサネットフレームの形式**

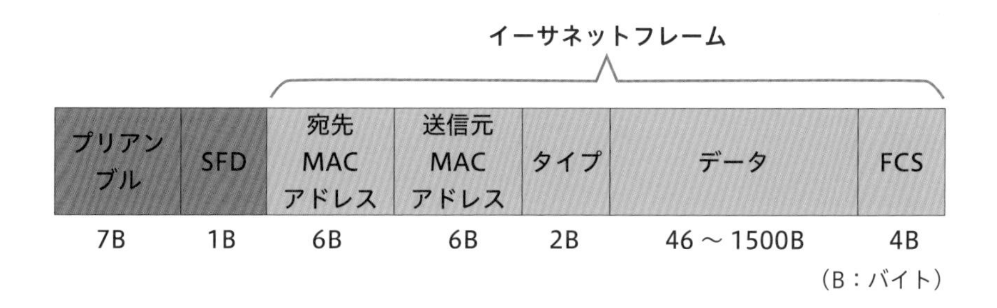

データの部分には実際に送信するデータが入るのですが、あとで説明するネットワーク層のパケットが格納されています。また、プリアンブルの 56bit は信号を同期する（MAC フレームの開始位置を見つける）ためにつけられる信号です。同期情報であるため、通常プリアンブルと SFD はイーサネットフレームの一部とは取り扱われません。

＊ CRC は送り側と受け取り側である数を決めて、送るデータに 32bit 分 0 を追加してその数で除算して、余りを計算し、送るデータにその余り（32bit 分）を追加します。受け取り側では、受け取ったフレーム全体を同じ数で除算して、余りが 0 になるか確かめます。余りが 0 以外になればフレームには誤りが含んでいることが分かります。

4-6

無線 LAN

ここまでケーブルの話などを詳しくしてきましたが、みなさんにとってはこちらの方がより馴染みがあるのではないでしょうか。今や物理的に何かに接続しなくても、家の中や外でインターネットなどのネットワーク通信が意識しないでできるようになっています。このような場合は無線を使ってコンピュータをネットワークに接続しているわけですが、この無線で作られている LAN を**無線 LAN** と呼んでいます。

無線 LAN も同じく、OSI 基本参照モデルの第 1 層と第 2 層（TCP/IP においてはネットワークインタフェース層）のプロトコルを使用してコンピュータをネットワークに接続して通信を行っています。無線LAN はイーサネットと異なり、物理的なケーブルを用いないでネットワークにつながっているので、より自由度の高いネットワークを構築することができます。しかし、無線を用いたネットワークはコンピュータ同士のつながりが目に見えないため、セキュリティの維持が難しくなってしまう傾向があることは覚えておいてください。

ここでは、無線を用いてコンピュータをネットワークに接続する無線 LAN について説明しますが、携帯電話網やブルートゥース（Bluetooth）、赤外線によるネットワークの話ではないことに注意してください。先ほどのイーサネットのケーブルが「無線」に置き換わったネットワークをイメージするといいでしょう。

無線 LAN のプロトコルは **IEEE802.11** シリーズで標準化されており、イーサネットと同じように年々改良がなされ、新しいプロトコルが数年ごとに作成されています。代表的な IEEE802.11 シリーズのプロトコルを示したものが次の表です。

標準化規格	最大速度	周波数帯	標準化年	Wi-Fi 規格
IEEE802.11	2Mbps	2.4GHz	1997 年	
IEEE802.11b	11Mbps	2.4GHz	1999 年	
IEEE802.11a	54Mbps	5GHz	1999 年	
IEEE802.11g	54Mbps	2.4GHz	2003 年	
IEEE802.11n	600Mbps	2.4GHz/5GHz	2009 年	Wi-Fi4
IEEE802.11ac	6.8Gbps	5GHz	2014 年	Wi-Fi5
IEEE802.11ax	9.6Gbps	2.4GHz/5GHz	2021 年	Wi-Fi6

無線 LAN には、2.4GHz 帯の周波数帯域を用いるプロトコルがあります。この周波数帯域は、工業・医療・科学分野で汎用的に使用するように割り当てられたもので **ISM**（Industry Science and Medical）**バンド**と呼ばれ、免許不要でさまざまな目的に利用可能です。この 2.4GHz 帯は無線 LAN をはじめ、Bluetooth や電子レンジなど幅広い分野で利用されているため、使用している機器の数が多くなって電波干渉が起こりやすくなっています。ISM バンドは、日本においては他にも 5.7GHz 帯、920MHz 帯があります。5.7GHz 帯は 2.4GHz 帯と同じように無線 LAN でも使われており、他にはアマチュア無線や各種レーダに使用されていますが、2.4GHz 帯よりも電波の混線が少ない傾向になっています。

一方、無線 LAN と聞くと **Wi-Fi**（ワイファイ）を思い出す人も多いのではないでしょうか。Wi-Fi は標準化されたプロトコルではなく、国際標準規格である IEEE802.11 のプロトコルで通信するコンピュータ間の相互接続が認められたことを示す名称です。無線 LAN が使われ始めた頃は、標準化された IEEE802.11 シリーズのプロトコルに沿って開発された無線通信機器がさまざまなメーカーから発売されていました。しかし、たとえ同じメーカーであったとしても、シリーズや発売時期が異なる機器間の通信は確認されておらず、通信ができないことがありました。そこで、アメリカの業界団体である **Wi-Fi Alliance** が IEEE802.11 シリーズのプロトコルを使用した通信機器間の相互通信ができることをチェックし、通信可能かどうかの認定を行うようになりました。そして、相互通信可能であることが認定された無線通信機器のことを Wi-Fi 機器と呼ぶようになったのです。このため、一般的には無線 LAN のことを Wi-Fi と同一視することが広がりました。

WiFi Alliance による相互通信などの認証試験に合格した機器には「WiFi CERTIFIED」のロゴを貼ることが許されます。このロゴが貼られている機器は他の機器とも相互通信ができることが確認されているので安心して使うことができます。ただ、認証試験に合格していない（認証試験を受けていない）機器でも、IEEE802.11 シリーズのプロトコルで無線通信が行われているので他のメーカーの機器と通信ができないということはなく、多くの場合は（相互通信の確認がされていないだけで）問題なく通信ができます。みなさんの周りにある通信を行う携帯型のゲーム機は、実は WiFi Alliace の認証を受けていないことがあります（でも、普通に通信できていますよね！）。ただ、近年では機器間の相互通信の問題が非常に少なくなってきたので、認証に合格している機器でもこのロゴが貼られていないものが多くなってきています。

また近年では、IEEE802.11 シリーズのプロトコルでは利用者がわかりにくいということで、Wi-Fi Alliance によってどの規格が使われているのかがわかるように世代名の概念が導入され、先ほどの表にあるように各プロトコルに「Wi-Fi4」「Wi-Fi5」といった名前（Wi-Fi 規格名）が併記されるようになってきています。

ここで IEEE802.11 シリーズのプロトコルを用いた無線 LAN の接続について見ていきましょう。今では至る所に無線 LAN で接続できる場所（アクセスポイント）が増えいます。通信さえできればいいとよく考えずにアクセスポイントに接続していると（知らない LAN 内に自分の機器を接続することになって）セキュリティの問題が生じます。管理する側からしても、誰が接続しているかわからないとセキュリティの維持やネットワーク負荷の調整などができなくなって問題になります。たくさん存在するアクセスポイントからつなぎたい（つないでも問題ない）LANにあるポイントを見つけるため、アクセスポイントには**SSID**（Service Set IDentifier）という名前がつけられています。通信機器を無線LANに接続する画面を見ると、その場所から接続可能な通信強度を持ったアクセスポイントのSSIDがずらっと並んでいる様子を見ることができるはずです。たくさんあるアクセスポイントの中から、接続したいアクセスポイントのSSIDを見つけて接続することによって目的のLAN内に通信機器を接続することができます。

無線LANは、ケーブルなどの物理的な線によってネットワークに接続されておらず、電波を使って通信機器をネットワークに接続し、通信が行われています。電波を使った通信でも、電気信号を使った通信と同じように2つ以上の通信機器から同時に通信が行われたときには、衝突が起こって電波が変わってしまいます。このような衝突を避ける方法として、CSMA/CA（Carrier Sense Multiple Access with Collision Avoidance）があります。有線通信のときには、同時に通信が行われたときは送られた電気信号が変ってしまうため、送信した通信機器から通信の衝突が行われたことがわかるので、CSMA/CDの方式で衝突を検出（CD：Collision Detection）して、再度通信を送り直す方法が使用されていました。しかし、電波の場合だと電波が衝突（干渉）してしまったかどうかを送信機器から検知することができません。そのため、CSMA/CDと同じように他の通信機器が通信を行っていないことを確認して、誰も使っていないことを確認してから送信をすることによって衝突を避けているのです。

インターネット
OSI 基本参照モデル：第 3 層、第 4 層

この章で学ぶ主なテーマ

インターネットとは
インターネットプロトコル
TCP と UDP
ルータの役割

「身近なモノやサービス」から見てみよう！

今ではインターネットが一般的になりすぎて、もはやライフラインの一つになっています。このようなインターネットをはじめとするネットワークに私たちは毎日毎日、接続して通信していることがすでに当たり前のことになりました。

ただ、通信（特にツイッターやインスタグラムなどのSNSへの投稿やネットゲーム）に依存している人が増えていると言われ、社会問題になっています。ネット依存とは「勉強や仕事といった生活面や体や心の健康面などよりもインターネットの使用を優先してしまい、使う時間や方法を自分でコントロールできない」状態のことで、他のことがまったく手につかなくなり、健康にも影響してしまう危険性があります。また、ネットに触れていると、欲しい情報だけではなく、ネガティブな情報にも触れる機会が増加して、そうした情報に触れることによってストレスを受けることもあります。SNSを見たり、LINEでのやりとりを夜遅くまでしていると当然、寝不足になりますし、同じ姿勢で画面をずっと見ていることによって肩こりや眼精疲労などを起こすことになります。

このような状況に陥らないために「デジタルデトックス」が重要になってきます。デジタルデトックスとは、一定期間、スマートフォン

◆ **ネット依存およびゲーム障害の患者数の推移**

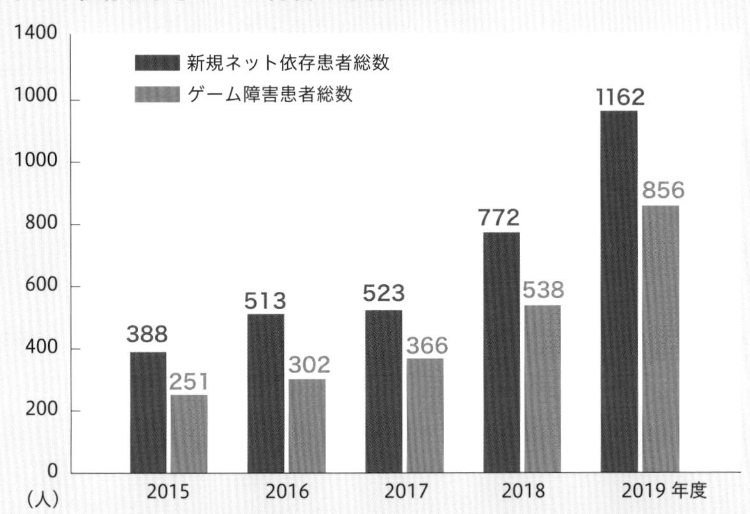

厚生労働省「第２回ゲーム依存症対策関係者会議」発表資料（https://www.mhlw.go.jp/stf/shingi2/0000202961_00004.html）をもとに作成。全国 89 のネット依存・ゲーム障害治療施設を対象に調査したもの（回答は 68 施設）

やパソコンなどのデジタル機器に触れず、通信なども遮断してインターネットをはじめとするネットワークから距離を置くことです。言い換えれば、「ネット断ち」です。デジタル機器から離れることによって、現実のコミュニケーションや運動などに時間をあて、精神的・肉体的な健康を取り戻します。

このデジタルデトックスにはさまざまな効果があります。今まで長時間、常にデジタル機器に向き合ってきた時間を使って他のことができるようになりますし、寝る直前のぎりぎりまで脳に情報を送り込むことを防げるのでゆっくり寝られるようになって睡眠の質が向上します。また、デジタル機器を使わない時間を持つことによって、本当に必要な情報の入手の方法（ツールやアプリケーション）を考えることができて、実はあまり重要でなかった方法を削除することができます。SNS への投稿などのプレッシャーからも解放されますし、同じ姿勢をずっととらなくてもよいので心身的にも楽になれるはずです。

5-1
インターネットとは

現在では**インターネット**（Internet）はライフラインの一つと言ってもいいくらい、みなさんの日常生活に入り込んでいます。では、「インターネットって何？」と質問をされたらしっかりと答えれるでしょうか。みなさんも日々インターネットを使っていろいろな情報のやりとりをしていると思いますが、どのように情報が行き来しているか説明できるでしょうか。ここでは、そんな疑問にできるだけ簡単な言葉で答えたいと思います。

今では当たり前にみんなが使っているインターネットですが、まずこのインターネットがどのように始まったか見てみましょう。誕生したのは1960年代、アメリカの国防総省と大学数校が一緒に開発した「軍事利用のための通信ネットワーク（ARPANET）」が始まりとされています。当時では最先端の技術であるパケット交換方式で通信が行われ、一か所にネットワーク負荷が集中しないようになっていました。その後、世界中に広がって、日本においては1984年に開始された関東の大学の研究用ネットワーク「JUNET」が始まりです。当初は大学などの研究用ネットワークでしたが、その後、一般企業も参加するようになり、今のような商用のネットワークになって広がっていきました。

さて、そんなインターネットですが、言葉の意味としては「インター」には「中間」「間」「相互」という意味があります。「ネット」はもちろん「ネットワーク」ですね。このことからインターネットは、次の図のようにネットワークを相互に接続して大きなネットワークにしたものと言えます。それぞれのネットワークは前の章で説明したLANにあたります。そのLANをたくさんつなげることで巨大なネットワークが生まれます。今や世界中のLANがつながってインターネットが構築され、そのネットワーク上でいろいろなサービスが運営されています。

◆ **インターネットの構築イメージ**

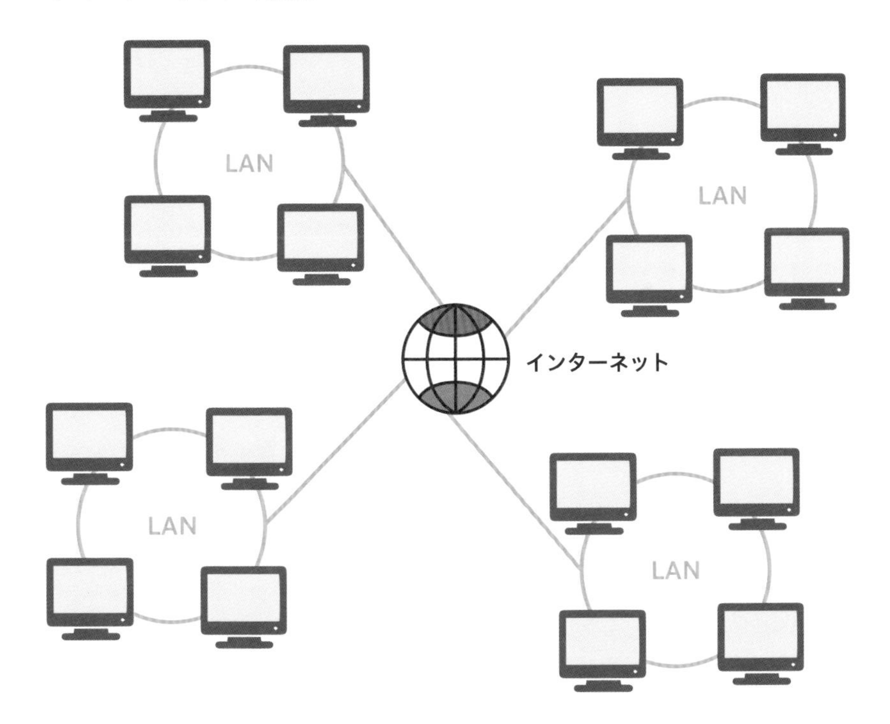

5-2

インターネットプロトコル

インターネットで通信を行うときにもLAN内で通信をしたときと同じように約束事（プロトコル）に基づいて通信が行われています。このプロトコルが**インターネットプロトコル**（**IP**：Internet Protocol）であり、OSI基本参照モデルでは第3層のネットワーク層、TCP/IPモデルでは第2層のインターネット層にあたるプロトコルです。なお、このほかネットワークの通信状況を調べるICMP（Internet Control Message Protocol）や、どのようにネットワークを辿っていくかを調べるOSFP（Open Shortest Path First）、RIP（Routing Information Protocol）、BGP（Border Gate Protocol）といったプロトコルがあります。

ここでは、その中からもっとも身近なIPについて詳しく説明していきます。IPも前述したイーサネットと同じように改良がされていて、現在、主に使われているのがインターネットプロトコルバージョン4（IPv4）です。このIPv4の弱点を補うために改良されたバージョン6（IPv6）が次世代のインターネットプロトコルになると言われていますが、現在ではまだIPv6は限定的なところでしか使われておらず、完全な移行が行われていません。そのため、本書ではIPv4を対象にします。

インターネットで通信を行う場合にはパケット交換方式によって通信が行われています。大きなデータをいくつかの細かいデータに分割して送信し、受信側で細かく分けられたデータをまとめて元のデータに復元します。この細かく分けたデータのことをパケットと呼ぶことは前に説明した通りです。このパケットの中身を詳しく見てみると、次の図のようになっています。

インターネットでは、パケットが通信され、各LANに送られて、LAN

◆ IPパケットとイーサネットフレームの関係

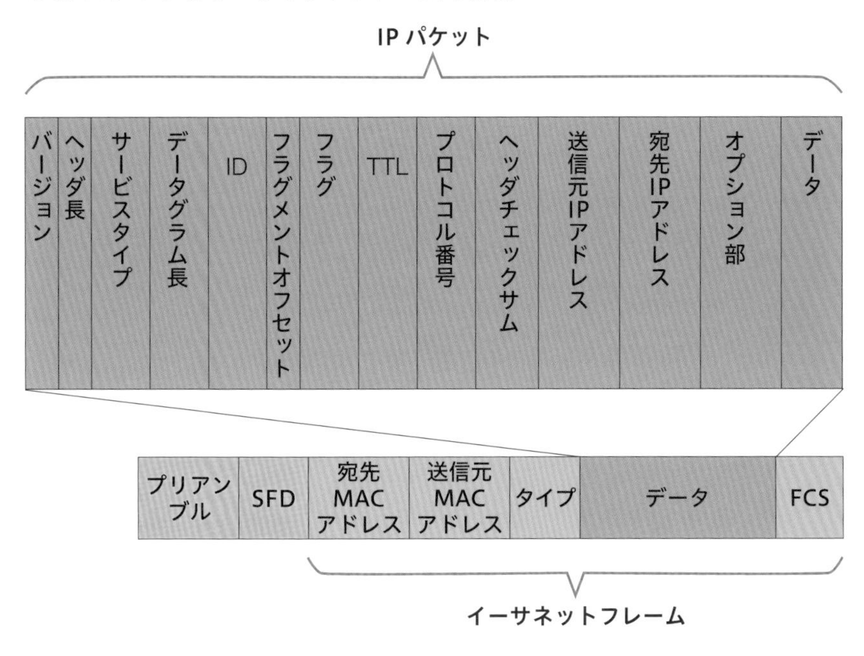

内ではこのパケットがイーサネットフレームのデータ部分に格納されます。そしてLAN内での通信が行われ、結果として目的のコンピュータのところまで届きます。このように上位層（ネットワーク層）のデータを下位層のデータに埋め込むことを**カプセル化**と呼びます。

パケットの中には送信元と宛先のIPアドレス（32bit）が入っています。これがパケットを送った元と送り先を示すもので、LAN内のMACアドレスと同じようなものです。このIPアドレスは各通信機器につけられるアドレスで書き換えもできるため、MACアドレスの物理アドレスと対比して**論理アドレス**（Logical Address）と呼ばれます。

インターネットでは、送信元のコンピュータからパケットを送信して、複数のネットワークを経由して目的地（宛先のIPアドレスを持つコンピュータがあるLAN）に到着することで通信を行っています。インターネット上の複数のネットワークを経由するときにIPアドレスが使われ、目的のLANまでの通信が行われます。目的のLANに到着したらパケットをイーサネットフレーム内に埋め込み、LAN内での通信であるイーサネットで通信を行います。このLAN内での通信ではMACアドレスが使用されます。宛先のコンピュータがあるLAN内では、IPアドレスとMACアドレスがARP（Address Resolution Protocol）というプロトコルによって関連付けされるので、送信元のコンピュータでは宛先のIPアドレスを指定するだけで、宛先のMACアドレスを指定しなくても通信することができます。

IPv4で使用しているIPアドレスは32bitで表現されています。アドレス空間（32bitでつけることのできるIPアドレスの総数）は2^{32}=4,294,967,296≒約43億です。今の世界の人口は80億人を超えていますので、仮に1人が1つのコンピュータ（スマートフォンやパソコンなど）を持ったとすると、IPv4ではすべてのコンピュータにIPアドレスをつけることができません。さらに、IPv4では標準的にはセキュリティ機能がついておらず、通信に対する脆弱性があります。こうしたIPv4の問題を解決するために、本節の冒頭で触れたIPv6が開発・公表されました。IPv6ではIPアドレスは128bitで表現されるため、IPアドレスの総数は約340澗（$=340\times10^{36}$）となり、アドレスが不足することはまずなくなりました。また、IPSecというセキュリティ方式が標準的に使われるようになり、セキュリティ面が強化され、品質保証のサービスなども行われるようになりました。しかし、今はまだ多くのコンピュータがIPv4を使って通信をしているため、なかなかIPv6への移行が進んでいないのは先に述べた通りです。

もう少しだけIPv4におけるIPアドレスについて見ていきましょう。ここにIPv4のIPアドレスの例を示します。IPアドレスは32bitで表現されるため32個の0と1で表され、このbit列によってコンピュータ間で通信が行われます。ただ、人間にとっては非常に見にくいため、4つに区切ってそれぞれの 8bit を 10 進数で表し、ピリオドでつないで表現します。この表現方法を**ドット・デシマル表記**（ドット付き十進表記）と呼びます。

◆ **ドット・デシマル表記の方法**

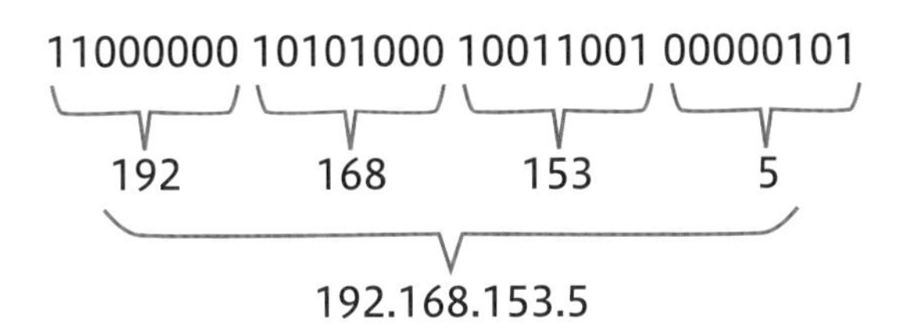

8bit ごとに区切って
10 進数で表記

ネットワーク層（およびインターネット層）では、パケットは宛先のネットワークに到着してから宛先のコンピュータ（ホスト）に届く形で通信が行われています。郵便に例えると、まず相手が住んでいる住所「○○県○○市○○町」の郵便局に届けられて、その後、その地域内にある「××さん」の家に届くという感じです。この地域（ネットワーク）と家（コンピュータ・ホスト）という考え方は IP アドレスにも反映されていて、IP アドレスは**ネットワーク部**と**ホスト部**に分けられます。

次ページの図にあるように IP アドレスの先頭から Nbit がネットワーク部、残りの（32-N）bit がホスト部を示します。このネットワーク部とホスト部を表すためにネットマスクがあります。ネットマスクは先頭から Nbit が 1 で、残りが 0 の 32bit（IP アドレスと同じ長さ）となっていて、IP アドレスのうちネットマスクが 1 の部分がネットワーク部、0 の部分がホスト部となっています。

通常は IP アドレスとネットマスクのセットで IP アドレス設定に用いられます。ネットマスクは先頭から Nbit が 1 なので「IP アドレス /N」（図の例だと 192.168.153.5/24）と IP アドレスとのセットで表現されることもあります。これを CIDR（Classless Inter-Domain Routing）表記と呼びます。

CIDR 表記で書かれる「/N」のことをプリフィックスと呼び、ネットワーク部の bit 長を示します。

◆ ネットワークアドレスとブロードキャストアドレス

IP アドレス（32bit）

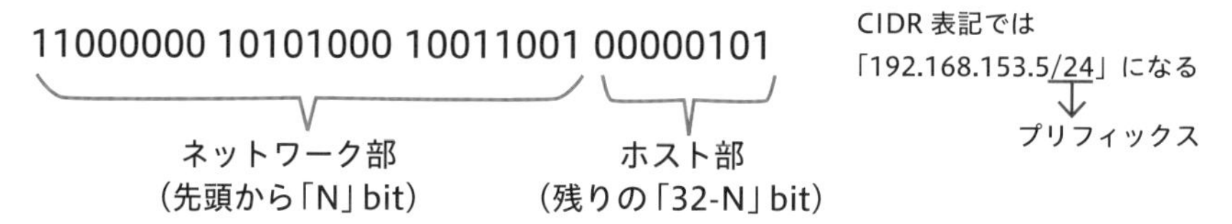

ネットマスク（32bit）

11111111 11111111 11111111 00000000

ネットワークアドレス（32bit）

11000000 10101000 10011001 00000101（IP アドレス）
11111111 11111111 11111111 00000000（ネットマスク）
↓ビットごとに AND 演算する
11000000 10101000 10011001 00000000 ⇒ 192.168.153.0

ブロードキャストアドレス（32bit）

11000000 10101000 10011001 11111111 ⇒ 192.168.153.255
ホスト部を「1」に変える

コンピュータが所属するネットワークを表現するアドレスとしてネットワークアドレスがあり、**ネットワークアドレス**はコンピュータの IP アドレスとネットマスクのビットごとの AND 演算により求めることができます。また、ネットワーク内にある全部のコンピュータへ通信するためのアドレスとして**ブロードキャストアドレス**があり、それは IP アドレスのホスト部をすべて 1 に変えたアドレスになります。

5-3 TCP と UDP

OSI 基本参照モデルの第 1 層から第 3 層（TCP/IP モデルでは第 1 層から第 2 層）によって、この図のようにコンピュータとコンピュータがつながって通信できるようになっています。

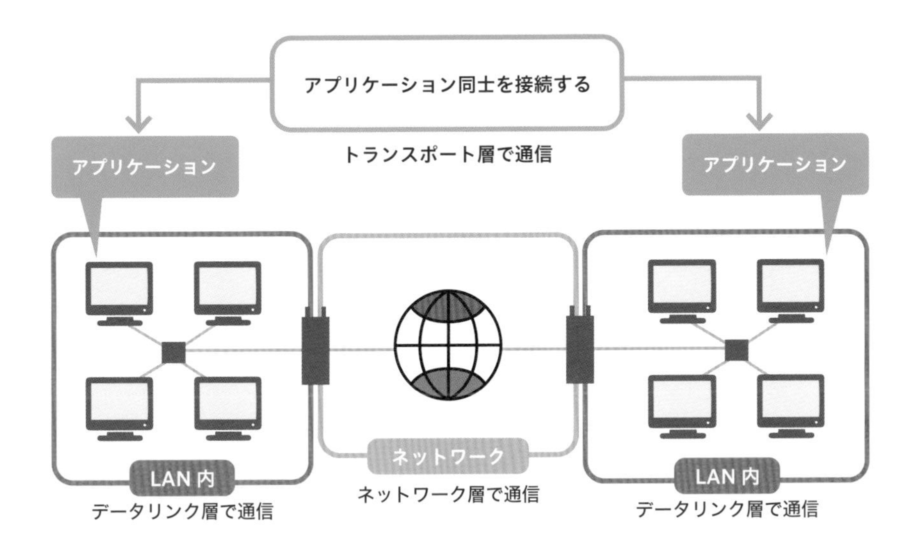

しかし、コンピュータ同士がつながって通信はできる状態にはなっていますが、コンピュータ内にはいくつも通信プロトコルを使用しているアプリケーションがあるので、どの通信プロトコルのアプリケーションが相手のコンピュータのどの通信プロトコルのアプリケーションと通信しないといけないかまだわかりません。そのため、どの通信プロトコルとどの通信プロトコルが通信をするのかを決めていく必要があります。このアプリケーションがどのような通信プロトコルを用いて通信をしているかを決めるのが**トランスポート層**の役割です。

ネットワークにつながったコンピュータ間で通信が行われると、データが送信先のコンピュータに送られます。送られたデータ内には**ポート番号**と呼ばれる番号がつけられていて、データはそのポート番号で決められた通信プロトコルで動いているアプリケーションによって処理されます。このポート番号を送るデータにつけることによって、どの通信プロトコルを使っているアプリケーションからどの通信プロトコルを使っているアプリケーションへの送受信かがわかるようになっています。

ポート番号は16bitで表現されており、10進数で表すと0番から65535番のポートがあることになります。このポート番号は次の3つに分類されています。

①**よく知られているポート番号**（Well Known Port Number）
0番から1023番までのポート番号で、特定のサービス（アプリケーション）によって固定されていて、IANA（Internet Assigned Numbers Authority）が管理して割り当てるアプリケーションを決定しています。

IANAは南カリフォルニア大学情報科学研究所が中心となって設立されたプロジェクトで、インターネット上のリソース（ドメイン名、IPアドレス、プロトコル番号）を管理していました。その後、1988年に非営利法人ICANN（The Internet Corporation for Assigned Names and Numbers）が設立され、IANAがこれまで行ってきた管理・運営業務を引き継いでいます。ドメイン名とはインターネット上の住所のようなもので、例えば「sogensha.co.jp」などがそうです。このドメイン名にIPアドレスが割り当てられて通信に使用されます。ドメイン名とIPアドレスの関連については次の6章で説明します。

よく知られているポート番号の代表的なものをいくつか紹介すると、Webサイトを見るのに使用されるHTTP（Hyper Text Transfer Protocol）　が80番、HTTPS（Hyper Text Transfer Protocol Secure）が443番、メールの送信に使用されるSMTP（Simple Mail

Transfer Protocol）が 25 番、メールを読むのに使用される IMAP3（Internet Message Access Protocol version 3）が 220 番です。

②**登録済みポート番号**（Registered Port Number）
1024 番から 49151 番までのポート番号で、①と同様に特定のアプリケーションが優先して使用しているものです。これらのポート番号は各ソフトウェア会社が自前のソフトウェア用に IANA（ICANN）に申請しています。近年ではユーザポート番号（User Port Number）とも呼ばれています。

③**動的／プライベートポート番号**（Dynamic or Private Port Number）
49152 番から 65535 番までのポート番号で、利用者が自由に用いてよいものです。みなさんが通信を行うようなプログラムを作成する場合にはこのポート番号を使って開発をしてください。

このようにインターネットで通信を行うときには、送受信を行うコンピュータの IP アドレスとどのアプリケーション（通信プロトコル）が使うのかを示したポート番号が必要となります。これらの情報が付属しているデータを**ソケット**と呼び、その通信は**ソケット通信**と呼ばれます。

さて、トランスポート層の代表的なプロトコルに **TCP**（Transmission Control Protocol）と **UDP**（User Datagram Protocol）の 2 つがあります。どちらも基本的に IP プロトコルの上で動作するプロトコルです。

TCP は通信が開始される前に通信先が受信可能であることを確認してから通信を行うコネクション型の通信方式です。さらに、各通信では通信先が無事に受信できているかを毎回確認して、受信できていない場合には同じものを再度送信するようにして通信が確実に行われるようにしています。TCP における通信のイメージは「電話での会話」に例えることができます。電話での会話では、まず相手の電話番号を入力して電話をかけます。相手は電話に出ることによって今電話ができることを相手に伝えます。これにより、お互いに会話可能であることが確認できます。これを**コネクション**と呼んでいます。その後、会話をし始めますが、会話ごとに相手の反応（うなずきや応答の様子）を見て、会話が成立したら次の話題に移行し、話したい内容全体を相手に伝えます。このように毎回確認をすることによって確実に話したい内容が相手に伝わっていることが確認できます。また、電話を切るときには電話を切ることを相手に伝え、了解を得てから電話を切ります。

このように送受信するコンピュータ同士が送受信できることを確認する方法は3方向（Three way）ハンドシェイクと呼ばれます。この3方向ハンドシェイクによって通信するコネクションを確立してから送受信を行います。3方向ハンドシェイクは図のように「送信するクライアントが**サーバ**（➡P.122）に今からデータ送るけれど大丈夫ですか？」を聞く**セグメント**（➡P.122）（SYNを1に設定）を受信側のサーバに送ります。サーバはそのセグメントを受信すると「送信することはわかったよ、受信できるよ」を伝えるセグメント（SYNとANSが1）をクライアントに送ります。サーバからの受信可能を伝えるセグメントを受信したクライアントは、再度そのセグメントを受信したことを伝えるセグメント（ANSが1）を送ります。このように3回（3方向）の通信をまず行い、確実に相手が受信できることを確認してからTCPは送受信を開始します。

通信が終了するときも同じように、まず通信を終了したいコンピュータ（通信の終了はクライアントかサーバのいずれも実行可能）が「送信するデータが終わったので終了するよ」を表すセグメント（FINを1に設定）を相手のコンピュータに送信します。そのセグメントを受信したコンピュータ（切断される側）は、そのセグメントを受信したことを伝える（相手が切断をしたいことがわかったよと伝える）セグメント（ACKを1に設定）を切断したいコンピュータに伝えます。もし、切断される側のコンピュータにおいて送信したいデータが残っている場合には、そのデータを

◆ TCP コネクションの確立

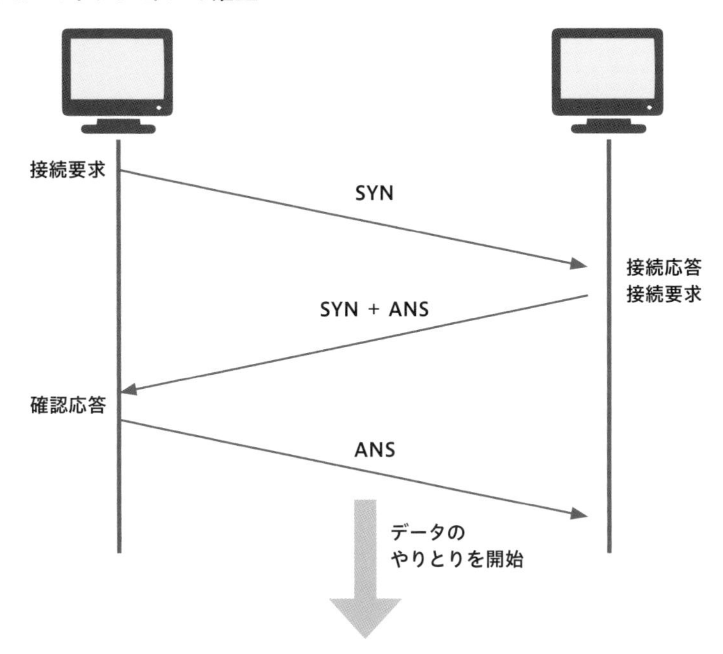

切断したいコンピュータに送信します。その後に、切断される側のコンピュータからデータをすべて送信できたので通信を終わることができることを伝えるセグメント（FIN を 1 に設定）を切断したいコンピュータに送信します。終了を示すセグメントを受信した切断したいコンピュータは、終了したことを確認するためのセグメント（ACK を 1 に設定）を切断される側のコンピュータに送信します。この一連の動作を行うことで、確実に全部のデータを相手に送るようにします。このような確認動作が TCP の通信では行われています。

TCP は通信の確実性を重視した通信方式であるため、Web の通信やメールの送受信などに使用されます。TCP はデータの送信の際に **TCP ヘッダ**を送信データの先頭につけて送信します。TCP ヘッダをつけられて送信されるデータのことを **TCP セグメント**と呼びます。この TCP セグメントは IP パケットのデータ部分となります。

◆ TCPヘッダの構造

送信元ポート番号	宛先ポート番号	シーケンス番号	確認応答番号	データオフセット	予約	フラグ	ウィンドウサイズ	チェックサム	緊急ポインタ	オプション	パディング

一方、UDPはTCPと異なり、通信の開始時にコネクションを確立しないコネクションレス型の通信方式であり、各通信の到着確認も行われません。このため、UDPは通信の確実性は低くなりますが、コネクションなどの確認動作を行わないので高速通信が可能になります。UDP通信の際にデータにつけられる**UDPヘッダ**のサイズは8Byteであり、TCPヘッダの20Byteと比べて少ないデータ量になっています。できるだけ少ないヘッダを使用することによって送受信するデータ量を減らし、高速な通信を実現しようとしています。このように高速通信が得意なUDPはIP電話などのリアルタイム配信やドメイン名の管理運用をするDNS（Domain Name System）（次の章で詳しく説明）などの簡易通信に使用されています。

◆ UDPヘッダの構造

送信元ポート番号	送信元ポート番号	メッセージ長	チェックサム
16ビット	16ビット	16ビット	16ビット

5-4
ルータの役割

LAN内の各コンピュータを接続する機器としてハブ（スイッチングハブ）がありました。一方、ネットワークとネットワークを接続する機器として**ルータ**があります。インターネットを使った通信は、通信相手のネットワークを探して、そこに送りたいデータを送り、その後、そのネットワーク内でLAN内通信を行うことによって通信相手のコンピュータまでデータが送られます。この一連の通信の中で、ルータは相手先のネットワークまでデータを届ける役割を担います。相手先のネットワークが近くにあって、送信元のネットワークと直接ルータで接続されているならば、そのまま相手先のネットワークにデータを送信すればよいのですが、普通は相手先のネットワークはいくつものネットワークを経由しないと到着できないところにあります。このとき、どのようなネットワークをどのように経由していくかを決めているのがルータの役割で、この動作を「ルーティング」と言います。イメージ的にはカーナビゲーションシステムの経路探索と同じようなものになります。

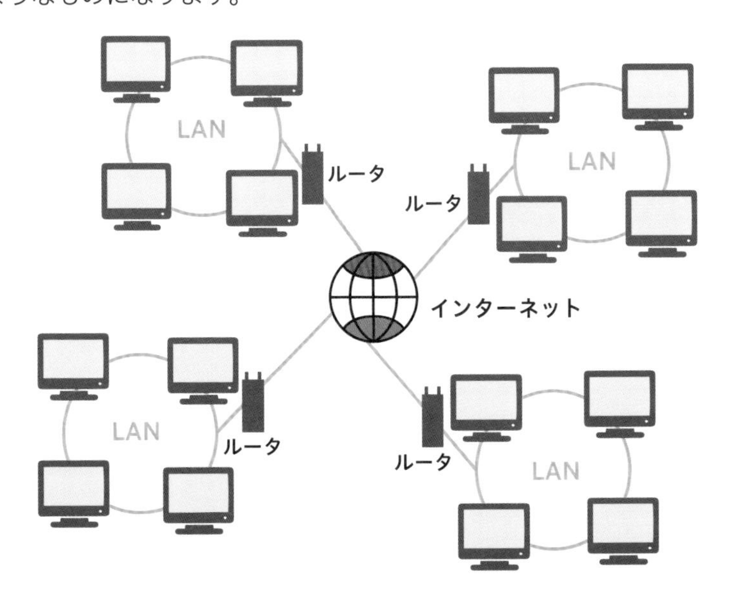

ルータにはもう一つ役割があります。それはIPアドレスの変換です。IPアドレスの話はすでにしましたが、IPアドレスにはインターネットに接続することができるアドレスとLANの中でしか利用できないアドレスがあります。それぞれのアドレスを**グローバルアドレス**と**プライベートアドレス**と言います。もし、コンピュータやスマートフォンなどの端末にプライベートアドレスがつけられている場合、インターネットに参加することはできません。そこで、ルータがプライベートアドレスをグローバルアドレスに変換することによって、それらの端末はインターネットに接続して通信することができます。この機能を**NAT**（Network Address Translation）と言います。

もし、ルータが変換できるグローバルアドレスを1つしか持っていない場合、変換できるプライベートは1つとなって、複数のコンピュータが同時にインターネットに接続できません。通常は、LAN内の複数のコンピュータが同時にインターネットに接続して通信をしています。このような場合は、下の図のようにルータが複数のプライベートアドレスを1つのグローバルアドレスと異なるポートに変換して、複数のコンピュータが同時にインターネットで通信できるようにしています。この機能を**NAPT**（Network Address Port Translation）と言います。

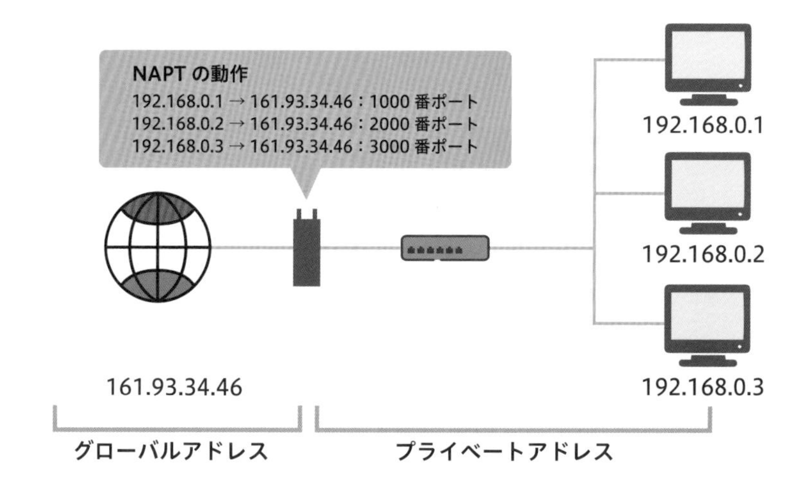

インターネット上のサービス

OSI 基本参照モデル：第５層、第６層、第７層

この章で学ぶ主なテーマ

WWW
DNS
DHCP
SIP

「身近なモノやサービス」から見てみよう！

インターネット上では動画配信やメッセージ交換など、さまざまな種類のサービスが数多く提供されていますが、もっとも身近なサービスと言えば、企業や個人のホームページ（「Web ページ」や「Web サイト」とも言います）ではないでしょうか。

では、日本最初のホームページはどのようなものであったかご存じでしょうか。それは、1992 年 9 月 30 日に茨城県つくば市の高エネルギー加速器研究機構（KEK）の Web サーバから公開された Web ページです。この Web ページは HTML 言語で書かれ、使われていた文字はすべて英字でした。

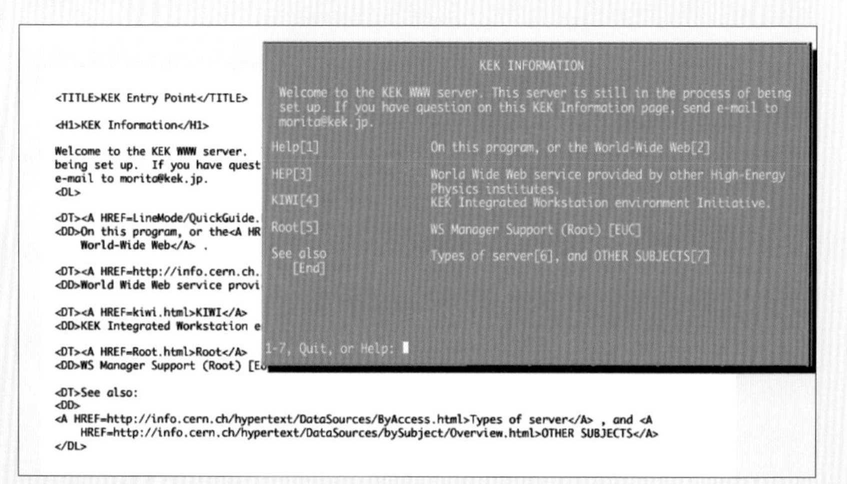

日本初のウェブページ（再現）
KEK ニュースルームより（https://www.kek.jp/ja/newsroom/2016/09/30/1512/）

初めはとてもシンプルだった Web ページが、コンピュータの発展やインターネットの普及・高速化によって今のように華やかになっていきました。そして今では、SNSがインターネットを使ったサービスの代表的なものと言えます。総務省のホームページに「SNSはソーシャルネットワーキングサービス（Social Networking Service）の略で、登録された利用者同士が交流できるWebサイトの会員制サービスのことです」と書いてあるように、SNSはインターネット上のWebで行われているサービスです。ICT総研の調査によるとSNSの利用者はすでに8,000万人を超え、ネット利用者のうち80%以上の人が使っていることになっています。具体的なサービスとしては「LINE」「YouTube」「Twitter」「Instagram」を多くの人が利用していて、いずれも利用率が50%以上を超えています（LINEはほぼ8割）。このようにSNSサービスは日本においてはもうなくてはならないサービスとなっています。これらのSNSサービスの多くは、ここまで説明してきたWebで構成され、HTTPで通信され、SIPで音声通話を実現していることが多いです。

◆ **日本におけるSNS利用者数の推移**

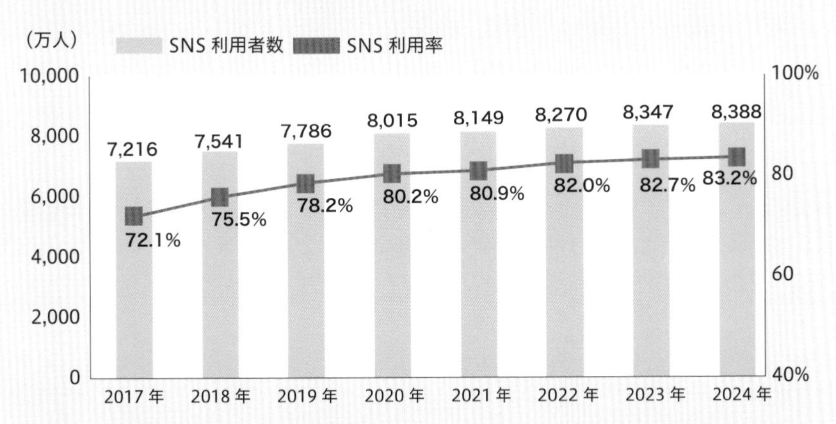

ICT総研「2022年度SNS利用動向に関する調査」（https://ictr.co.jp/report/20220517-2.html）をもとに作成。SNS利用率はネット利用人口に対する割合（2021年のネット利用人口は1億78万人と推計）

この章では、こうしたWebページやSNSに代表されるインターネット上でのサービスについて見ていきます。

6-1

インターネット上のサービス

プロトコルを用いてコンピュータ同士がネットワークにつながり、いよいよ通信できる準備が整いました。ここからはネットワークにつながった状態で、どのようなアプリケーションがどのように通信していくのかを見ていきたいと思います。

OSI基本参照モデルの上位層であるセッション層（第5層）とプレゼンテーション層（第6層）、アプリケーション層（第7層）（TCP/IPモデルだと第4層のアプリケーション層）は、実際のアプリケーションをどのように使って通信していくかを決めています。

まず第5層のセッション層は、アプリケーションにおける通信の状態確認をする層で、通信の開始、確立の確認や中断された際の再確立などのプロトコルを決める層です。TCP/IPモデルの場合、OSI基本参照モデルのセッション層の一部はTCP/IPモデルのトランスポート層が担っています。

続いて第6層のプレゼンテーション層は、通信に用いられるデータの暗号化や圧縮、ファイル形式やデータ形式、文字コードの形式などを決める、もしくは変換する方法を決定する層です。

最後に、最上位層となる第7層のアプリケーション層は、実際のアプリケーションを決める層です。インターネット上ではTCP/IPモデルに基づいた通信が使用されていて、OSI基本参照モデルの第5層から第7層のような細かい区分けはされておらず、第4層のアプリケーション層としてまとめられています。そのため、TCP/IPモデルにおけるアプリケーションは通信を行う際のセッションの確立確認、データ形式などのことも決めて作成をしないといけないため、自由度が高いと言えます、その分、開発などのコストがかかるという問題点もあります。

◆ OSI 基本参照モデルの各層ごとの役割

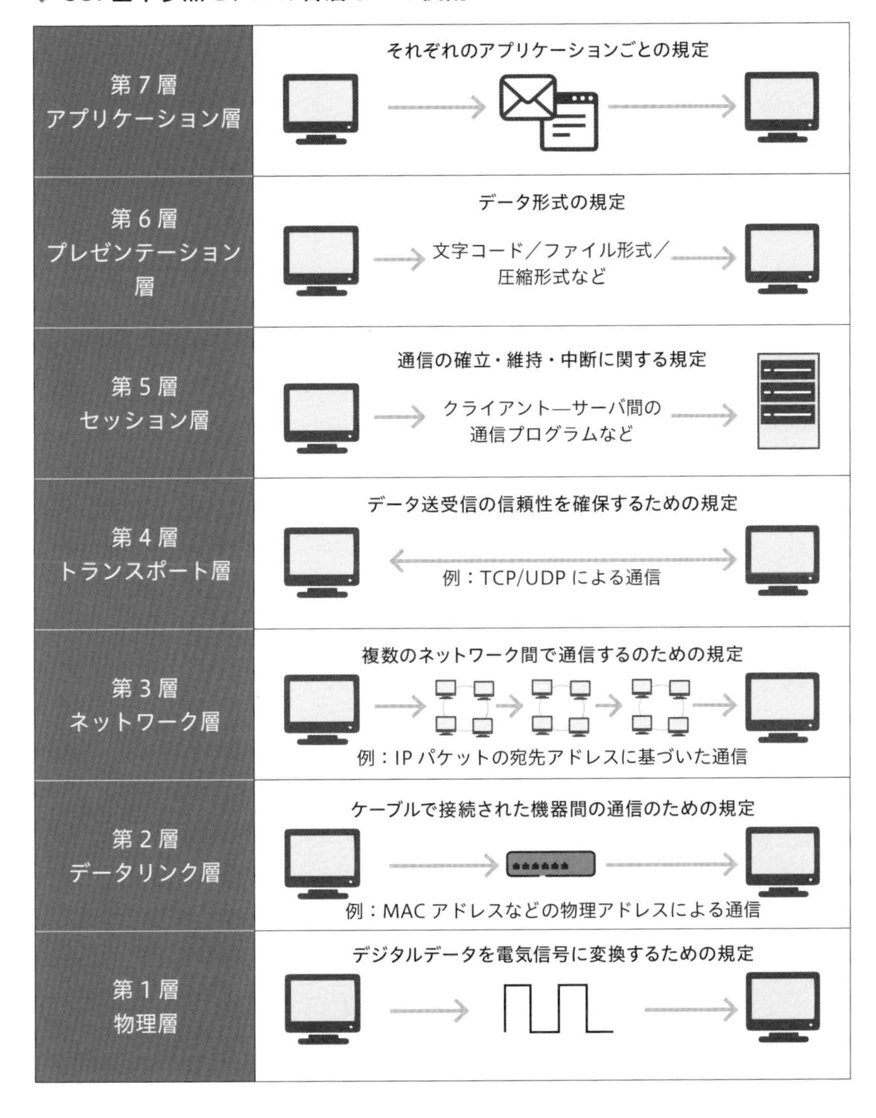

次の節からは、実際にインターネット上で使用されているサービスやアプリケーションを紹介していきます。

6-2

WWW

インターネット上のサービスで最も身近に使われているのがWorld Wide Web（**WWW**）だと思います。このWWWのことを単に「Web」「ウェブ」と言ったりもします。

このサービスは、WWW空間上（インターネット上）にあるWWWサーバが持っているホームページなどのWebページの情報を、その情報がほしいコンピュータ（クライアントコンピュータ）が要求することによって通信が行われ、クライアントコンピュータがWWWサーバ上の情報を取得することにより、ユーザがホームページなどを閲覧できるというものです。

少しややこしい書き方をしましたが、みなさんが普段、通信販売のサイトを見るのもGoogleで検索するのも、すべてこのインターネット上のWebのサービスです。こうしたWebサービスを実現するにはHTML（Hyper Text Markup Language）、URL＊（Uniform Resource Locator）、HTTP（Hyper-Text Transfer Protocol）が必要になってきます。

創元社のホームページ

行を折り返す ☐

```
1  <!doctype html>
2  <html lang="ja">
3  <head>
4  <meta charset="utf-8">
5  <meta http-equiv="X-UA-Compatible" content="IE=edge">
6  <title>創元社</title>
7  <meta name="viewport" content="width=device-width, initial-scale=1">
8
9  <!-- og tag -->
10 <meta property="og:title" content="TOPページ - 創元社" />
11 <meta property="og:type" content="website" />
12 <meta property="og:description" content="" />
13 <meta property="og:url" content="https://sogensha.co.jp/" />
14 <meta property="og:image" content="https://sogensha.co.jp/template/default/common/img/top.jpg" />
15 <meta property="og:site_name" content="創元社" />
16 <meta property="og:locale" content="ja_JP" />
17 <meta property="fb:app_id" content="1071924075911861165" />
18 <meta name="twitter:card" content="summary_large_image" />
19 <meta name="twitter:site" content="@sogensha" />
20 <meta name="twitter:title" content="TOPページ - 創元社" />
21 <meta name="twitter:image" content="summary_large_image" />
22 <meta name="facebook-domain-verification" content="urk3anvhmj3smxj1js2ipdgknjhyrz" />
23 <!-- // og tag --->
24
25
26
27 <link rel="icon" href="/template/default/img/common/favicon.ico">
28 <link rel="stylesheet" href="/template/default/css/style.css?v=3.0.18-p4">
29 <link rel="stylesheet" href="/template/default/css/slick.css?v=3.0.18-p4">
30 <link rel="stylesheet" href="/template/default/css/default.css?v=3.0.18-p4">
31 <!-- for original theme CSS -->
32
33 <script src="https://ajax.googleapis.com/ajax/libs/jquery/1.11.3/jquery.min.js"></script>
34 <script>window.jQuery || document.write('<script src="/template/default/js/vendor/jquery-1.11.3.min.js?v=3.0.18-p4"><¥/script>')</script>
35
36
37 <script type="text/javascript">
38   if (typeof ga == 'undefined') {
39     (function(i,s,o,g,r,a,m){i['GoogleAnalyticsObject']=r;i[r]=i[r]||function(){
40     (i[r].q=i[r].q||[]).push(arguments)},i[r].l=1*new Date();a=s.createElement(o),
41     m=s.getElementsByTagName(o)[0];a.async=1;a.src=g;m.parentNode.insertBefore(a,m)
42     })(window,document,'script','https://www.google-analytics.com/analytics.js','ga');
43   }
44   ga('create', 'UA-101998478-1', {
45              'name': 'plg_uagaeec',
46     'cookieDomain': 'auto'
```

創元社ホームページのソースコード（HTML）

HTML はホームページなどを作っているコンピュータの言語です。ここに創元社のホームページとそのページを作っている HTML を挙げました。HTML にはいろいろなマーク（タグ）が書かれていて、WWW クライアント（Web ブラウザ）で見たときに見やすいように文章や画像を構成できるようになっています。みなさんが普段見ているホームページは基本的にはこの HTML で書かれています。さまざまなタグを組み合わせることによって見栄えの良いホームページを作ることができます。

そのホームページが WWW 空間上のどこにあるのかを示すのが **URL** になります。インターネット上の URL は以下のような形で書かれています。

< スキーム >://< ホスト名 >/<URL パス >
https://www.sogensha.co.jp/ ○○○○○ .html

この URL の例で言うと、<ホスト名>のところに書かれているサーバ「www.sougensha.co.jp」の中にある「○○○○○.html」というHTML で書かれた Web ページを、ネットワークを通じて<スキーム>で指定されたプロトコル「https」で通信する、という意味になります。簡単に言ってしまえば、インターネット上の Web ページの場所とその Web ページをどのように送るかを示しているという感じです。

HTTP とは Web ページを送るためのプロトコルで「Hyper-Text Transfer Protocol」の略です。他に「HTTPS」というものがありますが、これは「Hyper-Text Transfer Protocol Secure」の略で、HTTP と違って暗号化を行って通信をしているのでセキュリティが HTTP より高くなっています。

このように、みなさんがホームページを見るということは、ある WWW サーバ上にある HTML で書かれた Web ページを HTTP を使って通信して、WWW クライアントで受信して、それを Web ブラウザで表示しているということになります。

＊ URL に似た言葉に URI（Uniform Resorce Identifier）というものがあります。URI はインターネット上に存在するあらゆるファイル（Web ページ）を識別するための総称で、識別をするにはファイルの「名前」と「場所」が必要です。この場所を示すのが URL で、一方、名前の方は URN（Uniform Resource Name）と呼ばれています。

DNS

ホームページを見るときには WWW 空間上の WWW サーバのホスト名を指定して、その Web ページを表示すると説明しました。少しここで思い出してください。インターネット上で通信をするときには IP アドレスで通信をします。この IP アドレスは IPv4 の場合は 32bit で表現され、この数字が WWW サーバにつけられていて、それをもとに通信をすることになりますが、サーバにつけられている IP アドレスの数字を覚えていないと、本来だとそのサーバとの通信ができません。

例えば、先ほどから例にしている創元社の WWW サーバの IP アドレス　は 133.18.79.22（10000101 00010010 01001111 00010110）です。このアドレスがわかっていれば、HTTP のプロトコルを使用して直接 WWW サーバと通信ができます（セキュリティの問題で直接通信を拒否しているサーバもあります）。ただ、32 個の数字やドット付きの 10 進数表記の IP アドレスを覚えておかないと通信ができなかったり、数字での IP アドレス表記だと直感的にどこと通信しているのかわかりにくかったりするため非常に困ります。

そんなときに、通信するコンピュータに名前がついていて、その名前を使って通信できたら便利ですよね。学校で考えてみると、生徒一人ひとりにつけられている出席番号で呼ぶよりも名前で呼ぶ方が覚えやすいでしょう。IP ネットワークでは「生徒の番号」が IP アドレス、「名前」が **FQDN**（Fully Qualified Domain Name）となり、コンピュータ同士は IP アドレスで通信しますが、利用者にはわかりにくいので、IP アドレスに対応する名前となる FQDN で通信相手を決めていきます。

FQDN はインターネット上のコンピュータが属しているグループ名である**ドメイン名**とコンピュータの名前（**ホスト名**）で構成されています。

先ほどの創元社のWWWサーバのFQDNは「www.sogensha.co.jp」です。最初の「www」がホスト名、「sogensha.co.jp」がドメイン名を示しています。

ドメイン名は次の図のように階層化構造になっていて、最後の「jp」が第1ドメイン（トップドメイン）名で国（米国の場合は組織）、「co」が第2ドメイン名で組織、「sogensha」が第3ドメイン名で組織の名前を示しています。ここでは「日本にある会社で創元社という名前のところにあるwwwという名前のコンピュータ」という意味になります。

◆ ドメイン名の階層化構造

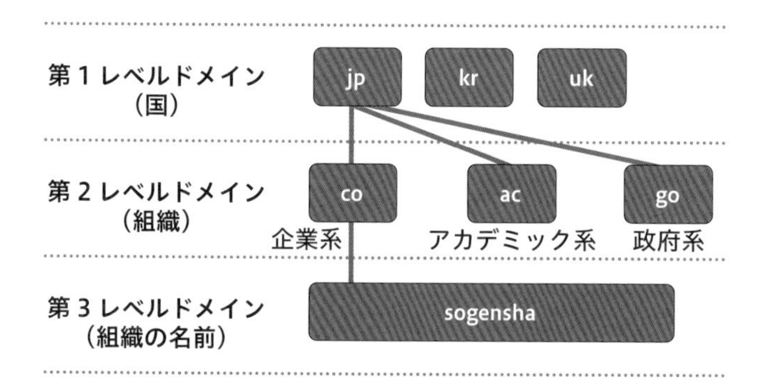

コンピュータ同士の通信にはIPアドレスが使われますが、利用者はFQDNで通信がしたいとします。この間を埋めるのが**DNS**（Domain Name Service）というサービスです。これはFQDNを対応するIPアドレスに変換してくれるサービスで、利用者はIPアドレスを知らなくてもFQDNだけで通信することができます。

次の図を利用して「www.sogensha.co.jp」がIPアドレスに変換される流れを見てみましょう。まず創元社のホームページを見たいと思ったら、コンピュータは創元社のWWWサーバのFQDNの「www.sogensha.co.jp」のIPアドレスを知りたいので、そのコンピュータが所属するLAN内のDNSサーバにwww.sogensha.co.jpのIPアドレスを聞きに行きます（図中の①）。次にLAN内のDNSサーバがIPアドレスを知っていればコンピュータにそのアドレスを教えるのですが、知らなかった場合にはトップドメインであるjpのDNSサーバにwww.sogensha.co.jpのIPアドレスを問い合わせに行きます（図中の②）。jpドメインのDNSサーバも同じように知っていればIPアドレスを教えてくれるのですが、知らない場合には第２ドメインのco.jpのDNSサーバに問い合わせて、同じように知らない場合にはsogensha.co.jp内のDNSに問い合わせていきます。このように階層化されているFQDNの各レベルのDNSサーバを順に問い合わせて、最終的にIPアドレスを探して知りたいコンピュータに教えています。

◆ **DNSでのFQDNのIPアドレス変換例**

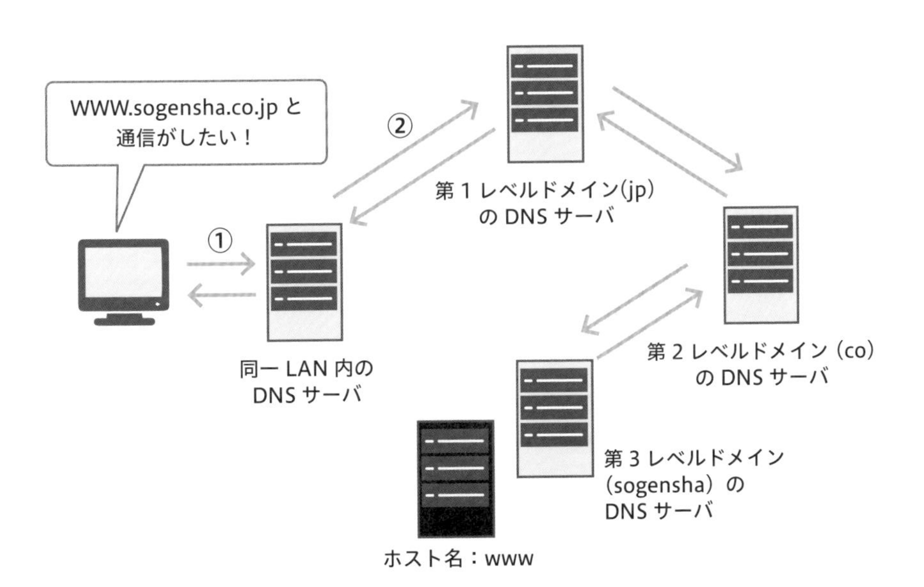

6-4

DHCP

インターネット上での通信はIPアドレスによって行われているので、通信をするコンピュータにはIPアドレスがつけられていないといけません。ただ、ネットワークの管理者が一台一台すべてコンピュータにIPアドレスをつけるとすると、とても大変な作業になります。この作業を減らすプロトコルが**DHCP**(Dynamic Host Configuration Protocol)です。

DHCPはIPv4で通信を行う場合に必要な情報である「IPアドレス」「DNSの問い合わせ先」「属しているドメイン名」「デフォルトゲートウェイ（コンピュータが属しているネットワークから外部のネットワークに通信しようとするときに玄関や出入口となるコンピュータ）のIPアドレス」などを自動的に設定してくれるプロトコルです。このDHCPのおかげで、みなさんがIPアドレスをコンピュータにつけるという作業をしなくてもインターネット通信ができるようになっています。

DHCPサーバは、持っている割り当て可能なIPアドレスを同じネットワーク内に接続したコンピュータに自動的に割り振り、割り当てたコンピュータがネットワークから外れると割り当てたIPアドレスを回収して、新たに接続してきたコンピュータに割り当て直すということをしています。

IPv4のIPアドレスは32bitですので、約43億個のアドレスがありますが、このアドレスを個々のコンピュータに一つずつつけていったらIPアドレスが足りなくなってしまいます。そのため、DHCPによって使われていないIPアドレスを他のコンピュータに使い回すことで、有効にIPアドレスを利用しています。

◆ **DHCPの使用例**

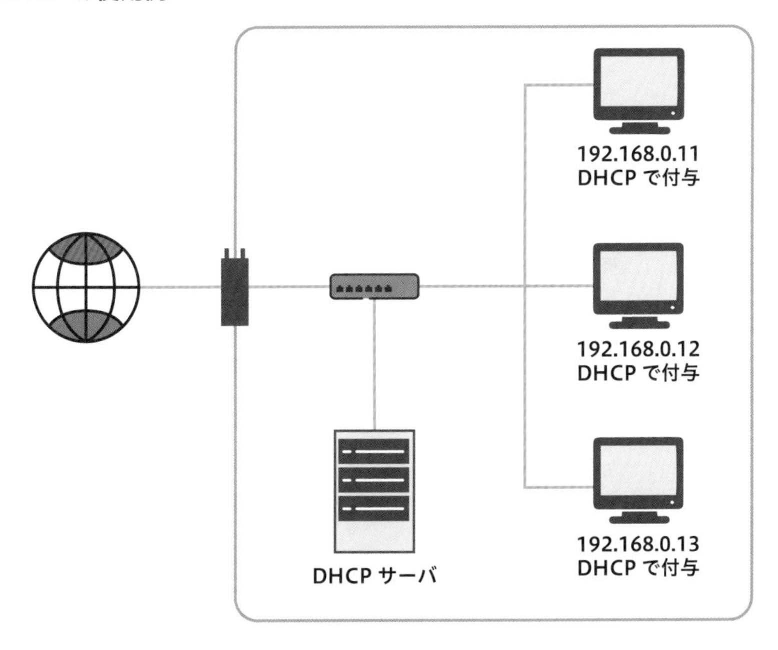

6-5

SIP

現在ではLINEやSkype、Zoomなどのアプリケーションで画面を見ながら会話ができるTV電話（TV会議）が広く使用されています。音声のみで会話をする通信方法と言えば、電話回線網を使った電話がありましたが、現在はインターネットを用いた会話（インターネット電話）が広く普及しています。

電話回線網を用いた電話での会話は回線交換方式（2-3参照）のため、会話をする電話機同士が回線を占有して音声を送受信しているので、他の通信の邪魔が入りにくく安定した送受信ができました。ただ、回線を占有するために交換器によって回線を接続するので、物理的な距離が遠くなるとそれだけ多くの交換器が必要になって距離によって料金が変わるという面があります。

一方、インターネット電話はパケット交換方式であり、音声を一定時間に区切ってパケットとして送受信をしています。そのため、ネットワークの混雑度合いによっては通信速度が変わってしまい、安定した音声通信ができない場合がありますが、インターネットによる通信のため、物理的な距離は関係なく一定の料金で通信ができます。

このように、パケット化された音声をインターネットのプロトコルを使って送受信することを**VoIP**（Voice over Internet Protocol）と呼びます。音声をパケット化して送受信するプロトコルとしてはRTP（Real-time Transport Protocol）やRTCP（RTP Control Protocol）などがあります。これらのプロトコルはUDP上で動作し、音声をどのくらいの長さに分割しパケット化するのか、どのポートで通信するのかといったことを決めています。

電話の場合、音声会話をする前に相手に電話をかけて相手が応答する動作が必要となります。VoIPでも同じように発着信や切断などを決める代表的なプロトコルとして**SIP**（Session Initiation Protocol）やITU-T*が勧告しているH.323などがあります。

SIPの動作は次ページの図のように、まず電話をかけようとしているクライアントのコンピュータがサーバと通信して相手側のコンピュータの状況(通話可能かなど)を確認します(図中の③)。このときはクライアント・サーバ方式で通信され、サーバは相手のコンピュータのIPアドレスなどをデータベースで使って調べ（図中の②④)、相手のコンピュータに通話の要求が来たことを伝えます（図中の⑤)。相手側のコンピュータが通知を受けるとサーバに通話可能かどうかを伝え（図中の①)、その結果をクライアントコンピュータに返します（図中の⑦)。このときの通信もクライアント・サーバ方式です。その後、クライアントコンピュータは相手側のコンピュータに直接通信をP2P方式で行い、通話を始めます。通話開始まではクライアント・サーバ方式で確実に通信を行う方法が使われますが、直接の通話ではP2P方式で行うことにより、サーバへの負担を少なくすることと通信速度の向上が行われます。

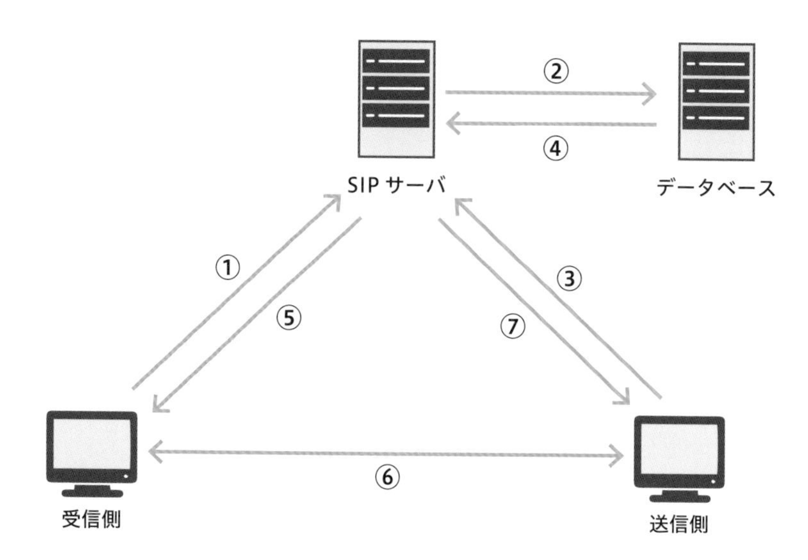

＊国際電気通信連合（ITU：International Telecommunication Union）内の電気通信標準化部門（Telecommunication Standardization Sector）で電気通信分野の標準化を行う機関。

Chapter 7 ネットワークの情報セキュリティ

この章で学ぶ主なテーマ

ネットワークに潜む犯罪
ファイアウォール
暗号化の必要性
無線 LAN のセキュリティ
VPN

「身近なモノやサービス」から見てみよう！

現代は、スマートフォンやパソコンが常にインターネットにつながっていて、ネットワーク通信して情報のやりとりを行っています。情報のやりとりをしているということは、他のコンピュータなどから今みなさんが使っているコンピュータやスマートフォンを見ること（通信すること）ができるということです。もし、悪意を持っている利用者がいると、コンピュータやスマートフォンの中から情報を抜き出したり、情報を書き換えたりすることをネットワークの向こう側からできることになります。

コンピュータ関連のニュースなどで「ハッカー」という単語を耳にする機会があると思います。ハッカーとは「ハッキング」をする人のことで、ハッキングとはネットワークやプログラム、コンピュータを解析し改良、改造することを意味します。簡単に言うと、ネットワークやコンピュータにものすごく詳しい人がハッカーで、そうした人たちがあれこれコンピュータやネットワークを触ることがハッキングです。世間のイメージではハッカーは悪い人に対して使う言葉という風潮がありますが、実はそうではありません。技術的に高いスキルや豊富な知識を持ち、それらを駆使する人のことをそう呼ぶのです。

ニュースなどで言われている、サーバを攻撃したり、プログラムを変更して個人や企業

に迷惑をかけたりする行為は「クラッキング」と言います。また、クラッキングをする人を「クラッカー」と呼びます。つい「ハッカー」と言ってしまいそうですが、ぜひ区別があることを知っておいてください。

さて、次のグラフは、都道府県警察から警察庁に報告がなされた不正アクセスが認知された件数の推移を示しています。この件数は認知された件数なので、実際の被害はもっと多いでしょう。例えば、令和4年に不正アクセスなどによって重要なデータが盗まれてしまった事件には、ざっと並べて次のようなものがあります。株式会社SODAのSNKRDUNKサービスから約275万件の顧客情報流出、株式会社矢野経済研究所に対する不正アクセスで最大で10万1,988件の個人情報の漏えい、JR東日本の「えきねっと」サービスで3,729人のアカウントに不正アクセス、井上商事株式会社の「スイーツパラダイスオンラインショップ」から7,409件のクレジットカード情報などが漏えいするなど、数多くの大切な情報が悪意ある人間に奪われています。この章では、このような犯罪を生まないようにするためのセキュリティのしくみについて説明していきます。

◆ **不正アクセス行為の認知状況**

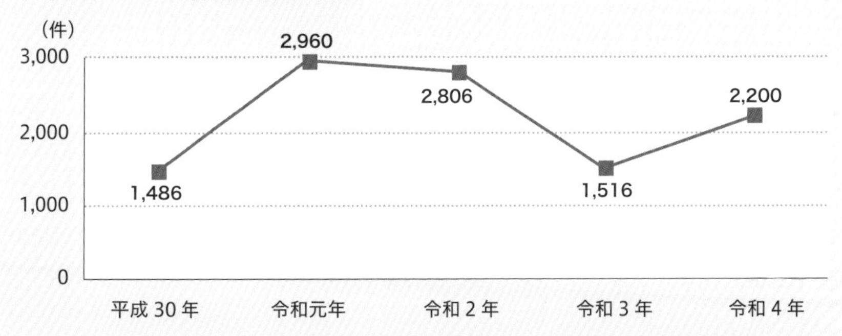

総務省「不正アクセス行為の発生状況及びアクセス制御機能に関する技術の研究開発の状況」報道資料（https://www.soumu.go.jp/menu_news/s-news/01cyber01_02000001_00161.html）をもとに作成。不正アクセス後に行われる行為としては「インターネットバンキングでの不正送金等」が約半数を占めている。

7-1

ネットワークに潜む犯罪

コンピュータをネットワークにつなげると1台のコンピュータではできなかったことが他のコンピュータの力を借りてできるようになります。しかし、ネットワークにつながっているということは、他のコンピュータから自分のコンピュータを覗き見される可能性があり、1台だけのコンピュータ（スタンドアローン）では起こり得なかった**情報セキュリティ**の問題が生じてきます。

そもそもセキュリティとはなんでしょうか？　英語では「Security」、日本語訳としては「安全」「安心」「保障」などの意味があります。コンピュータに関するセキュリティが情報セキュリティであり、コンピュータ内のデータの破損や外部漏えいの防止、コンピュータ自体の保全をしてデータやシステムが安全な状態を保てるようにすることを指します。情報セキュリティを脅かすのは、人によるデータそのものの破壊や改ざん以外にも、落雷、地震、火災などの自然災害によってデータを持っているコンピュータやそのコンピュータの保存領域の破壊があります。このように情報セキュリティを維持するにはいろいろな面からコンピュータを守ることを考えないとなりません。この章では特にインターネットをはじめとする情報ネットワークに関するセキュリティを見ていきます。

次のグラフはここ20年間のコンピュータやネットワークに関する犯罪（サイバー犯罪）の検挙件数の推移を示したものです。コンピュータがどんどん身近なものになっていくことに伴ってサイバー犯罪の数も増えています。平成15年以降はずっと増加傾向にあり、令和3年には1万2,209件（前年比23.6%増）と大きく増加しました。

もう一つの表は「その他のサイバー犯罪」の罪名別の内訳です。令和3年の検挙件数を見ると「詐欺」が前年より大幅に増加していることがわかります。新型コロナウィルス感染症の世界的な流行による経済の不安定化などにより、特に直接的に金銭を求めるサイバー攻撃が増加した傾向が見られます。『犯罪白書』によると、特にランサムウェア（感染すると端末等に保存されているデータを暗号化して使用できない状態にした上でそのデータを復号する対価として金銭を要求する不正プログラム）の被害が急増しており、その原因として、コロナ禍で増えたテレワークを実現するためのVPN機器の脆弱性が悪用されたこと、またそれ以外にも、企業のグローバル化に伴う海外拠点ネットワークの脆弱性の悪用や攻撃手法の高度化・巧妙化・組織化が進んだことなどが挙げられています。

◆ サイバー犯罪の検挙件数の推移

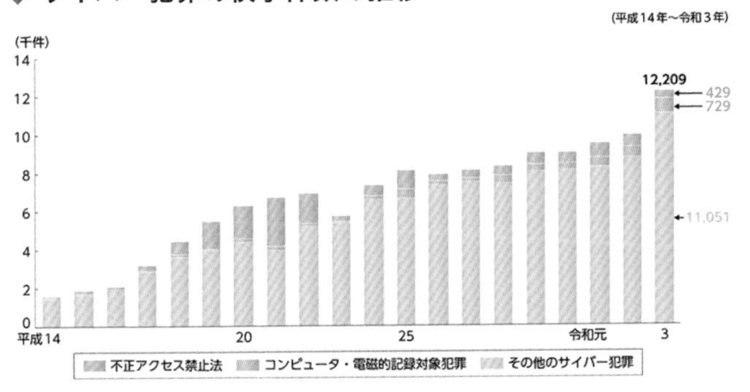

◆ その他のサイバー犯罪 検挙件数の推移

(平成29年～令和3年)

区分	29年	30年	元年	2年	3年
総数	8,011	8,127	8,267	8,703	11,051
詐欺	1,084	972	977	1,297	3,457
オークション利用詐欺	212	…	…	…	…
脅迫	376	310	349	408	387
名誉毀損	223	240	230	291	315
わいせつ物頒布等	769	793	792	803	859
児童買春・児童ポルノ禁止法	2,225	2,057	2,281	2,015	2,009
児童買春	793	672	706	577	544
児童ポルノ	1,432	1,385	1,575	1,438	1,465
青少年保護育成条例	858	926	1,038	1,013	952
商標法	302	375	327	306	344
著作権法	398	691	451	363	…
ストーカー規制法	323	269	325	347	325
その他	1,453	1,494	1,497	1,860	2,403

法務省「令和４年版 犯罪白書」より（https://hakusyo1.moj.go.jp/jp/69/nfm/n69_2_4_5_1_0.html）

このように、コンピュータをネットワークにつなげると犯罪に遭遇する可能性は増加します。そのため、ネットワークに接続されたコンピュータのセキュリティを強化・確保することは非常に重要なのです。

7-2

ファイアウォール

コンピュータをネットワークにつなげてインターネットが利用できるようになると、外部のコンピュータからつなげたコンピュータに対して意図しないアクセス（**不正アクセス**）や攻撃を受ける可能性が生じます。

不正アクセスとは、情報セキュリティにおける機密性を侵す行為であって、データなどに対して読み書きできる権限がない人が不正な方法で読み書きを行う行為や、パスワードの盗用などで別の人になりすましてコンピュータなどにログインをしてデータを読み書きする行為を指します。ネットワークでつながっているコンピュータは世界中どこからでも不正アクセスされる可能性があります。コンピュータにログインするためのパスワードなどはフィッシングサイトといった詐欺サイトによって盗まれることがあります。不正アクセスによって不正に入手されたデータは、システムの改ざんや個人情報の漏えいにつながるため、常に細心の注意を払って高度な情報セキュリティを維持する必要があります。

これらの脅威を軽減する方法として**ファイアウォール**（Fire Wall）があります。もともとの意味は「防火壁」で、火災のときに燃え広がるのを抑えるための壁のことを言いますが、今ではネットワーク上のセキュリティ対策の一つとしての意味が強くなっています。

次の図のように、外部のネットワーク（インターネット）と内部のネットワークがつながっているところにファイアウォール機能を持った機器を入れて、内部のネットワーク宛のデータをチェックして、問題がない場合は内部に入れて、そうでない場合は破棄しています。多くの場合、外部からの入力に対して使用できる通信プロトコルをポート番号（5-3 参照）で制限（**ポート制限**）することにより、外部とやりとりのできるアプリケーションを限定し、不正アクセスなどを防止するようになっています。この

◆ ファイアウォールの役割

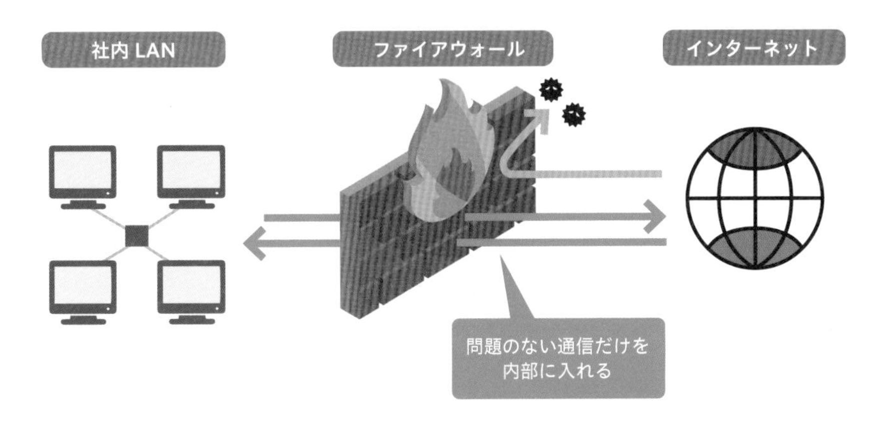

ようにして、ファイアウォールは外部のネットワークからの不正アクセスが内部のネットワークに入らないようにして、内部ネットワーク内の通信機器を保護する役割を担っています。

また、ネットワークに対するファイアウォール以外にも**パーソナルファイアウォール**と呼ばれるものがあります。パーソナルファイアウォールは各コンピュータに導入され、そのコンピュータに対する不正アクセスや攻撃を防ぐ機能を持っています。このパーソナルファイアウォールはウイルス対策ソフトに組み込まれていることが多く、内部ネットワーク（LAN 内）の他のコンピュータからの攻撃などを防ぐ機能があります。

7-3
暗号化の必要性

コンピュータとコンピュータがネットワークを使って通信をしているということは、ネットワークを使ってデータを送っているということと同じです。データは、ここまで説明したようなプロトコルに従ってパケット化され、電気信号や無線信号に変えられて、通信をしたいコンピュータに送られています。

4-4で説明したハブを使ったLANでのイーサネット通信を考えた場合、通信をしたい相手以外にもデータ（フレーム）が届いてしまう場合があります。普通はイーサネットヘッダ内のMACアドレスを見て、自分宛でないフレームは破棄するのですが、悪意がある場合には届いた自分宛でないフレームを確保して中身を見ることもできます*。

同じようなことを無線通信のケースで考えてみましょう。テレビを見るとき、目には見えない無線信号が空気中に飛んでいて、それをテレビが受け取って映像を画面に出力しています。同じことがコンピュータの無線通信にも言えて、データが変換された無線信号が空気中に飛んでいて、その信号をコンピュータが受信して、自分宛のデータだったら受け取り、自分宛以外は捨ててしまうということをしています。

このように、有線・無線のネットワークにおいては、データが送信先の相手以外にも受信される可能性があり、もし悪意のある人がいれば、その通信内容を見て、その内容を使って悪用することも考えられます。

送信したデータが自分の目的以外のコンピュータに届いてしまうことを回避できないとすると、データの内容が通信しているコンピュータ同士でしかわからない方法で通信をすれば、他のコンピュータに傍受されたとしても内容が漏えいしません。このように送受信しているコンピュータ同士しかデータの内容が理解できないように送信データを変更することを**暗号化**と言います。

データを暗号化をすることで、機密情報の漏えいや悪用などのリスクを大幅に下げられます。ただ、一口に暗号化と言ってもさまざまな方式やアルゴリズムの種類があり、自分の目的に応じた暗号化ソフトを選ぶ必要があります。暗号化ソフトがあれば、大切なファイルやデータの暗号化するとともにパスワードの設定ができ、情報の漏えいや内容の改ざんを防ぐことができます。他にもデータの送受信に「Google Cloud」や「Dropbox」のようなクラウドサービスを使えば、ファイルが自動的に暗号化されるので安心です。

＊電波法では「何人も法律に別段の定めがある場合を除くほか、特定の相手方に対して行われる無線通信を傍受してその存在若しくは内容を漏らし、又はこれを窃用してはならない。」となっていますので、通信においても中身が「たまたま」見えてしまっても問題にはならないと思いますが、その内容を他の人に漏らしたり無断で使用したりすると法律に触れてしまいます。

7-4

無線 LAN のセキュリティ

セキュリティの強化が特に必要となるのは、無線 LAN を用いたネットワークです。無線の通信を行っているので、物理的な線（LAN ケーブル）が存在せず、実際にどのコンピュータがどのネットワークにつながっているのか目で見て確認することができません。さらに、通信データが周囲を飛び交っていることになるので、多くのコンピュータがそれを受信することができます。

テレビ放送の場合だと、アンテナさえ設置すれば、電波が届くところなら受信して内容がわかってしまうということです。このように、無線通信の場合は特にセキュリティの強化が必要になります。無線 LAN のセキュリティ強化の方法として、「SSID の隠ぺい」「MAC アドレス制限」「暗号化」などがあります。

SSID（Service Set IDentifier）は、無線 LAN のアクセスポイントを識別する ID で無線の混線を避けるためにつけられる名前みたいなもの（正確には**識別子**と言う）です。普通はこの SSID は公開されていて（アクセスポイントが SSID を含めた無線信号を送信している）、現在の位置から接続ができるアクセスポイントがわかるようになっています。悪意のある場合、接続可能なアクセスポイントがあることがコンピュータにわかるので、接続許可されていないアクセスポイントに不正に接続し、悪用する可能性が生じます。セキュリティを強化するためにアクセスポイントから SSID を送信しないようにして（SSID を隠ぺいした無線信号を送信する）、アクセスポイントの存在を隠すことを **SSID の隠ぺい**と言います。

この SSID の隠ぺいは、アクセスポイントが SSID を含めない無線信号を送ることにより実現させているので、アクセスポイントが無線信号を送信していないわけではありません。そのため、送信している無線信号からアクセスポイントを探し出すことができるので、強固な情報セキュリティの方法であるとは言いにくいですが、隠ぺいすることによってセキュリティ強化につながります。

無線LANは4-6で説明したようにOSI基本参照モデルの第2層のデータリンク層（TCP/IPモデルでは第1層のネットワークインタフェース層）のプロトコルを使用して通信しているので、MACアドレスを使った通信になります。このことを利用して、アクセスポイントに接続可能なMACアドレスを制限することにより、接続するコンピュータを限定することができ、不正に接続される可能性を減少させることができます。普通、MACアドレスは工場出荷時につけられ、NIC固定のアドレスで書き換えができないことになっていますが、MACアドレスを偽装する方法は存在するため、偽装されたMACアドレスで接続される可能性があります。

無線通信は誰でも傍受できる可能性があることは前にも触れましたが、送信するデータを暗号化して送信することによって、もし傍受されても内容がわからないようにすることができます。この無線LANにおける暗号化の代表的な方法に、**WEP**（Wired Equivalent Privacy）と**WPA**（Wi-Fi Protected Access）があります。

WEPは64bitもしくは128bitのWEPキーと呼ばれる暗号鍵を使って暗号化して通信を行います。WPAはWEPをさらに強化した暗号化方式で、暗号鍵を一定時間で変更する**TKIP**（Temporal Key Integrity Protocol）という方式を導入してセキュリティ強化を行っています。さらに、解読が難解な暗号化方式である**AES**（Advanced Encryption Standard）を取り入れ、よりセキュリティ強化をした**WPA2**（Wi-Fi Protected Access 2）が発表されています。これらの暗号化を用いたセキュリティでも万全ではないため、常に新しい暗号化方式が開発されています。みなさんもできるだけ新しい方法を取り入れるようにして、自分のネットワークのセキュリティ強化に努めてください。

7-5
VPN

セキュリティが重要になるシーンは不特定多数の人が利用している環境であり、インターネットの環境はまさにこれにあたります。自分専用の通信回線を持っていれば、自分が信頼できる人とのみ接続して安全に通信を行うことが可能ですが、莫大な費用が掛かることから現実的な解決策ではありません。ちなみに、国のトップにあたる大統領のような人物は、国家秘密という非常に重要な事柄を扱うことから大統領専用の通信回線を利用したりしています。

この大統領の専用回線のように安全を確保した通信回線を現実的な方法で実現しようとして開発されたのが**VPN**という技術です。これは、公衆回線を専用回線のように利用できるようにするサービスです。どのように実現しているかと言うと、通信するデータを暗号化し、通信している内容を盗聴から守ることで、仮想的に公衆回線を専用回線のように使用しています。

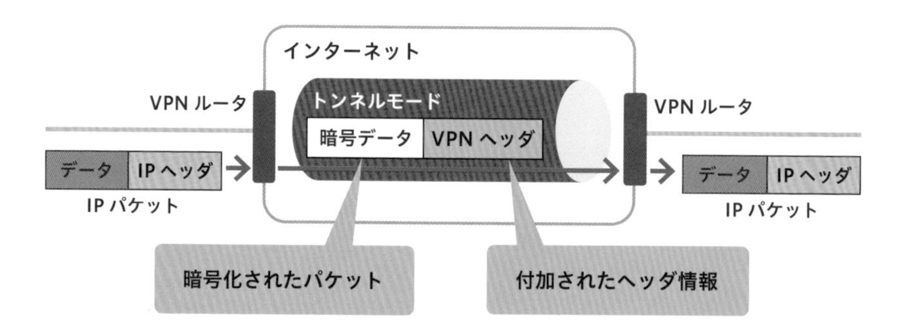

すでに説明したIPv6では標準化されたIPsecという暗号化通信用に強化されたIPプロトコルを利用し、送受信するパケットを暗号化します。データの部分のみを暗号化する方法（トランスポートモード）と、単純にすべてのパケットを暗号化する方法（トンネルモード）があり、トンネル

モードを利用する場合は、どこに送ればよいかなどの情報も暗号化されてしまい、正しく通信を行うことができなくなってしまいますので、通常のIP パケットを暗号化した後、新たにヘッダ情報を付加しカプセル化することで通信を確立しています。

IPsec における暗号化には共通鍵暗号方式が用いられます。共通鍵暗号方式では、元の情報である平文を暗号化する際に使う暗号鍵にも、その逆の復号の際に用いる復号鍵にも同じ鍵を使いますので、非常に簡単に素早く行うことができます。しかしその反面、その鍵の受け渡しには細心の注意を払う必要があります。鍵の受け渡しの際に盗まれては元も子もありません。そこで鍵を安全に交換する仕組みの一つとして Diffle-Hellman 鍵交換法（DH 法）という方法があります。いわゆる公開鍵暗号方式と呼ばれるもので、暗号化と復号のときに別々の鍵を使います。また、暗号鍵を広く一般的に公開して、みんなが知っている状態にしておき、復号鍵だけをしっかりと秘密にして管理しておきます。一見不安に感じますが、暗号鍵で暗号化したものは復号鍵でないと絶対に復号できないという特性があるので大丈夫です。この方法であれば、暗号鍵は広く一般的に公開されていますので、情報交換する相手にそもそも鍵を注意して渡す必要がなくなり非常に安全です。

例えば、A さんと B さんとの間で共通した鍵を持ちたい場合、A さんの秘密鍵として「2」、B さんの秘密鍵として「5」をそれぞれ秘密裏に設定したとします。公開されている公開鍵は「6」と素数の「11」としましょう。このとき、A さんは公開されている「6」を自分が設定した秘密の「2」の回数分掛け算し、公開されている「11」で割り算をします。6×6÷11 ですので商は 3 で余りも 3 です。同じように B さんも計算すると 6×6×6×6×6÷11 で 706 余り 10 となります。ここで A さんが計算した結果の余り「3」を B さんに、B さんが計算した結果の余りの「10」を A さんに渡します。そして再度それぞれ計算します。A さんは B さんからもらった「10」を秘密の「2」の回数分掛け算し、公開されている「11」で割り算をします。B さんも同じく、A さんからもらった「3」を秘密の「5」の回数分掛け算し、公開されている「11」で割り算をします。すると、それぞれの計算結果の余りはなんと両方とも同じ「1」になります。

A さんも B さんも秘密鍵の情報は一切公開していませんが、同じ「1」という数を手に入れることができました。つまり、安全に共通鍵を手に入れることができたということになります。これは素数における数学の不思議を利用しています。その他にも、素因数分解をするのはコンピュータでも難しく、現実的な時間では解けないといった特性を利用して暗号技術は開発されていたりします。

Keyword

▶サーバ（Server）
情報通信ネットワークの中で、一般的に情報やリソースを提供し、クライアントからの要求に応じてデータやサービスを提供するコンピュータを指す。一般的なサーバの例として、ウェブサーバ、ファイルサーバ、データベースサーバなどがある。

▶セグメント（Segment）
情報通信ネットワークにおいて、データを特定の部分に分割することを指す。大きなデータを複数のセグメントに分割することで、データの効率的な送受信が可能になる。セグメントは、OSI 基本参照（TCP/IP）モデルの複数の改装で実行され、各層でセグメントされたデータの呼び方が変わっている。セグメントは、送受信するネットワークに応じて、大きさを適切に調整する必要があり、送受信するコンピュータで同一のセグメント方式を使用する必要がある。

データベース

この章で学ぶ主なテーマ

データの収集と整理・利活用
データベースとは
データベースの種類
正規化
基本演算
SQL

「身近なモノやサービス」から見てみよう！

2016年に放送された人気ドラマ『逃げるは恥だが役に立つ』で星野源が演じていた主人公が持っている資格の一つが「データベーススペシャリスト」でした。この資格は、データベースの設計担当者や管理責任者を対象にした国家資格で、関連する資格の中では特に難易度が高いことで知られています。

データベーススペシャリストの資格は、独立行政法人情報処理推進機構（IPA：Information-technology Promotion Agency, Japan）が主催している「データベーススペシャリスト試験」に合格すると取得することができます。この試験は「基本情報技術者試験」や「応用情報技術者試験」の上位にあたる試験で、先ほども言ったように合格することがとても難しいものです。

試験は年に1回（秋期）行われ、ほぼ丸一日（9:30から16:30まで）かけて、4つの試験（午前中に選択問題試験が2つ、午後に記述問題試験が2つ）が行われます。各試験を100点満点で60点以上を取ることで晴れて合格となって、「データベーススペシャリスト」の資格を得ることができます。この資格を取ることは非常に難しく、IPAの難易度はレベル4（IPAの難易度で最高難度）にあたり、「高度な知識・スキルを有し、プロフェッショナルとして業務を遂行でき、経験や実績に基づいて作業指示ができる。また、プロフェッショナルとして求められる経験を形式知化し、後進育成に応用できる」ことが要求されます。毎年1万人以上が受験していますが、合格率は約15%程度です。このように非常に難しい試験ではありますが、最年少の合格者はなんと14歳、最年長の合格者は69歳（2022年12月時点）で、決して合格できないものではないのです（とはいえ、筆者もこの試験を受けて合格はしていませんが…）。この本を読んでいるみなさんもいっぱい勉強して、ぜひチャレンジしてみてほしいと思います。

試験のことはともかく、現代はたくさんのデータを個人がネットワークを使って簡単に手に入れることができるようになってきています。こうしたデータを単に置いておかずにデータベース化することによって、データの保管・利用が簡単になり、セキュリティも高くなります。ただし、なんでもかんでもデータベース化すれば良いというわけではなく、そのデータをどのように利用したいかといった目的や、データベースにする際のコストと見合う利用方法をしっかり考えないと、データをデータベースとして保存する意味がありません。データをそのままではなくデータベース化にして、膨大なデータをきちんと利活用することができれば、そのメリットの大きさは計り知れないのです。

◆ 情報処理技術者試験の一覧

<table>
<tr><th>レベル</th><th>資格名</th><th>対象</th></tr>
<tr><td rowspan="8">レベル 4</td><td>IT ストラテジスト試験</td><td rowspan="10">情報システムの構築・運営を行う技術者</td></tr>
<tr><td>システムアーキテクト試験</td></tr>
<tr><td>プロジェクトマネージャ試験</td></tr>
<tr><td>ネットワークスペシャリスト試験</td></tr>
<tr><td>データベーススペシャリスト試験</td></tr>
<tr><td>エンベデッドシステムスペシャリスト試験</td></tr>
<tr><td>システム監査技術者試験</td></tr>
<tr><td>情報処理安全確保支援士試験</td></tr>
<tr><td>レベル 3</td><td>応用情報技術者試験</td></tr>
<tr><td rowspan="2">レベル 2</td><td>基本情報技術者試験</td></tr>
<tr><td>情報セキュリティマネジメント試験</td><td rowspan="2">IT を利活用するすべての社会人</td></tr>
<tr><td>レベル 1</td><td>IT パスポート試験</td></tr>
</table>

8-1 データの収集と整理・利活用

最近のコンピュータは計算速度が速く、保存できるデータ量も多くなってきています。スマートフォンを例に考えてみると、以前は内蔵されている保存媒体の容量が小さく、高解像度の写真を多く残しておくことができませんでしたが、今のスマートフォンは保存媒体の容量が格段に大きくなり、写真だけでなく長時間撮影した動画まで保存できるようになってきました。

ただ、そうは言っても保存できる容量には限界があります。もしコンピュータがネットワークにつながっていれば、保存しきれないデータをネットワークでつながれた別のコンピュータに保存することができます。音楽を聴くことを考えた場合、昔はCDを購入してプレーヤーで再生して聴いていましたが、今はネット配信によって音楽データをダウンロードして聴いたり、ストリーミング形式で聴くことが当たり前になりました。CDに入っているのはせいぜい10～20曲ですが、ネット配信では1億曲以上にアクセスすることが可能になっています。

このように、コンピュータの性能が飛躍的に高くなり、インターネットによって高速・大容量の通信ができるようになったため、大量のデータに簡単にアクセスしたり、さまざまな種類のデータを容易に集められるようになってきました。このようなデータのことを**ビッグデータ**と呼び、さまざまな場所で活用されています。

例えば、Apple社のSiriやAmazon社のAlexa、Google社のGoogle Assistantなど、さまざまな音声アシスタントがありますが、利用者が話しかけた声を認識するために大量の音声データが活用されていますし、利用者が話した内容を理解して、それに対する応答をするために大量のテキストデータが利用されています。また、ネットショッピングをした際の大量の購入履歴のデータは、個人の購買傾向の予測に使われたり、別の商品をおすすめするときに利用されています。

今では、利用者が便利に使える多くのサービスに大量のデータが不可欠になっています。しかし、単に大量のデータを集めて数値や文字の羅列を眺めているだけでは、そのデータがどのような内容なのか、どのようなことに利用できるのか、集めたデータが何を表しているのかといったことを理解するのは到底難しいでしょう。

そのような場合の良い方法として、大量のデータを目で見てわかるようにグラフにする方法（データの可視化）があります。データを一旦数値として表して、その数値をグラフにすることによって、データ全体の傾向や分布などがわかります。グラフには、次のようにさまざまなスタイルがあります。

◆ 折れ線グラフ

折れ線グラフはデータの変化を線で表現したものです。時系列であるデータの量が増えているか／減っているかを見るのに適しています。

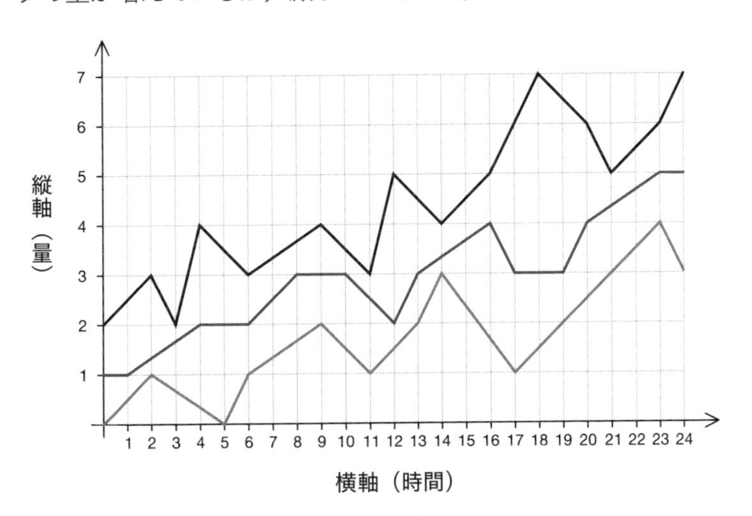

◆ 棒グラフ

棒グラフはデータの量などを棒の高さで表したものです。折れ線グラフの場合は横軸のつながりや変化に意味があることが多いですが、棒グラフの場合は横軸につながりがない場合によく使われます（例えば、AとBの情報を入れ替えても問題がない）。

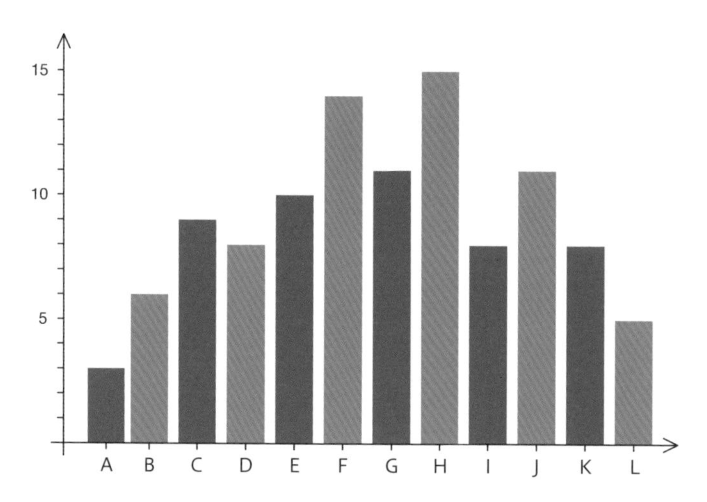

◆ 円グラフ

円グラフは円全体を100%としたときの各項目の割合を表すものです。グラフを見るとどの項目が多いかが一目でわかります。

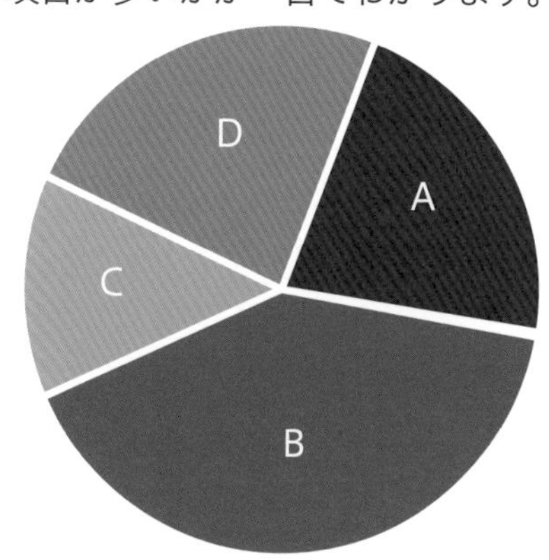

◆ 散布図

散布図はある１つのデータに対して縦軸と横軸で示される内容の数値を与えて、その値で座標を決めて点をつけていくグラフです。データ量を点で表す点グラフの一種です。点の集まりの形状を見ることで、縦軸と横軸の２つのデータの間に相関関係があるかどうかがわかります。

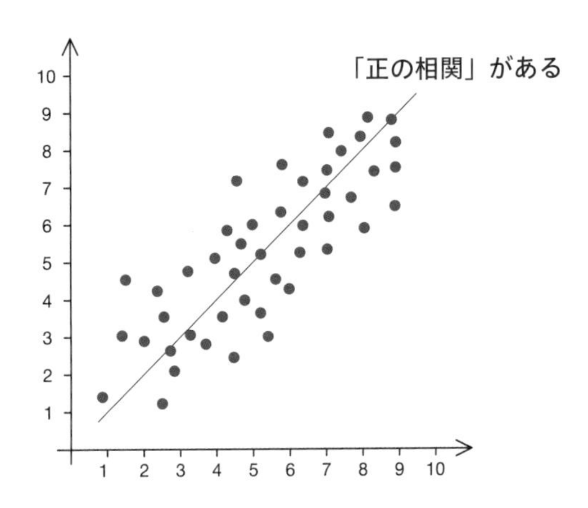

◆ バブルチャート

散布図は各データを２つの値で表現して、それをグラフで表現していましたが、バブルチャートはさらにもう1つの情報を追加し、データを３つの値で表現し、グラフ化したものです。３つ目の情報を円の大きさで表現しています。

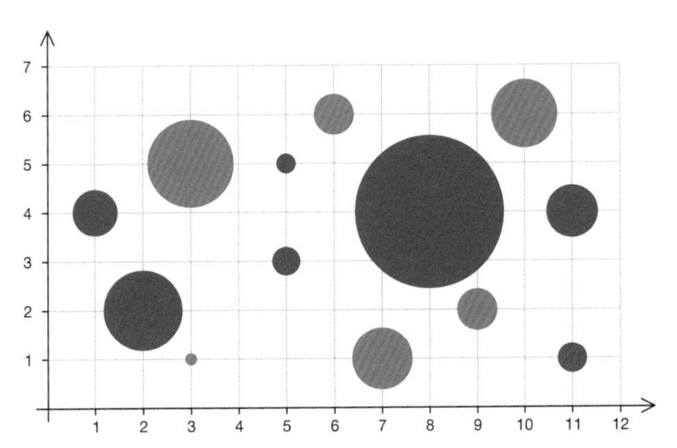

8-2 データベースとは

大量のデータをグラフにすることで全体的な傾向をつかむことができますが、それらのデータの中から必要なデータを抽出したり、同じジャンルに属するデータに分類したりしようとすると、データの量が大きくなればなるほど難しくなります。そのため、収集した大量のデータを効率よく利用するための方法が必要となってきます。

ここでは電話番号を例として考えてみましょう。友人やお店などさまざまな電話番号をたくさん手に入れたときに、そのまま番号を保存していると、いざ電話をかけようと思ったときに探すのが大変になります。例えば、その電話番号を「家族・親類」「友人」「お気に入りのお店」などに分類して、その後、名前順になるようにして電話帳に保存しておけば、電話をかけようと思ったときにすぐに探し出すことができます。

このように、ある目的を持って大量にデータを集め、その利用価値を高めた状態にしたものを**データベース**と言います。データベースを複数の利用者が効率よく安全に利用するためには、データベースを管理するシステム（ソフトウェア）が必要となります。このシステムが**データベース管理システム**（**DBMS**：DataBase Management System）です。

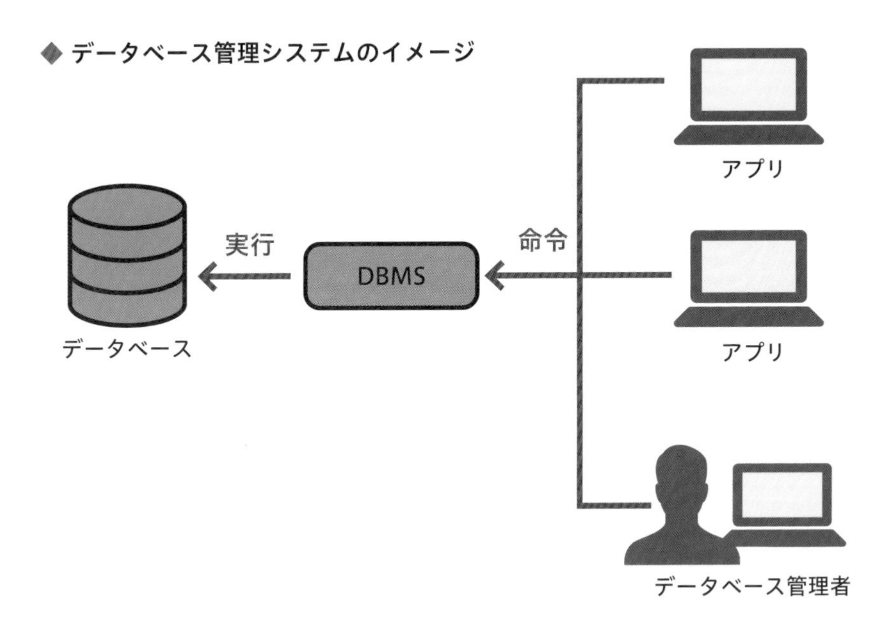

利用者はDBMSを使うことで、データベースの複雑なしくみを理解していなくても、データベースにデータを追加したり、そこからデータを取り出したりすることができます。また、利用者が直接データを触ることがないため、データを保存するときの形式などの一貫性を保つことができます。もし仮に保存・追加するデータ形式が変更になったとしても、DBMSが管理することによって、データベースとしての独立性や機密性を保つことができるのです。また、機器の不具合などによる障害が起こり、データが消去してしまったりデータ間の関連が壊れてしまったりした場合でも、正常に動いていた状態に回復（**リストア／リカバリ**＊）することができます。

＊リストア／リカバリはシステムが正常に動作しなくなった状態から正常に動作する状態に回復すること、**バックアップ**はデータを別の場所にも保存することを意味します。

8-3
データベースの種類

　データベースには、大量のデータをどのような方法でデータベース化するかによって、いくつかのタイプに分類することができます。これらのデータベース化の方法は、そのデータを「どのように使っていきたいか」という目的によって決められていきます。

◆ **データベースの種類**

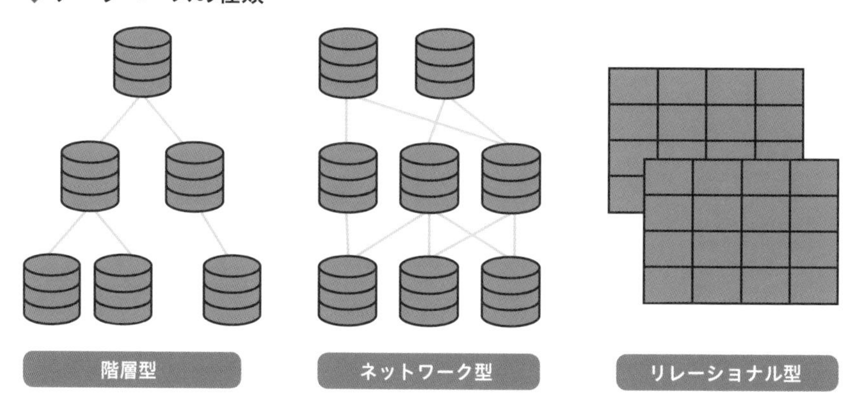

　階層型データベースは木構造（ツリー構造）になっていて、階層化されています。上の層（親）から複数の枝が分かれていて、それらがデータのつながりを表しています。データを検索するときには一番上の層から順番に辿って行って目的のデータを探します。目的のデータに到達する道順は一つしかないため、高速な検索が可能となります。しかし、データが複数のグループ（異なる枝の先のノード）に属した場合には、各グループにそのデータを重複して登録しなければならず、仮にその重複したデータの修正が必要になった場合には、複数のグループに対して処理しないといけなくなるなど、データ管理の上からの柔軟性は低いと言えます。

　ネットワーク型データベースは、一見すると階層型ネットワークに似ていますが、関連するデータが複数の上の階層に所属することができます。

このように複数の上位層を持つことができることにより、複数の場所にデータを登録する必要がなくなり、データを修復する場合は一か所だけで済むのでデータ管理上の柔軟性が高くなります。

リレーショナル型データベースは、階層型データベースやネットワーク型データベースのように木構造ではなく、「表」の形で表現され、管理されているデータベースです。これらの表は行（レコード）と列（カラム）で構成されます。下の表の「クラスID」はどちらの表の中にも存在しており、こうしたものを**外部キー**と呼びます。このように、データの関連性を表現しているデータベースがリレーショナル型データベースです。データを取り出す（検索する）ときには、行の値と列の値を指定し、目的のデータを取り出します。例えば、生徒番号のst003と性別を指定することによって「女性」というデータを得ることができます。リレーショナル型データベースは、データ形式やサイズが変更された場合、多くのデータに対して修正が必要となるためデータの拡張性が低く、大量のデータを扱うと複雑なリレーショナルとなり、検索などに時間が必要になります。このように大量のデータの取り扱いは少し苦手であることが問題としてありますが、複雑な検索や集計が可能であり、データの一貫性が保たれていることなど多くの利点があり、現在のデータベースの主流になっています。

生徒番号	姓	名	性別	クラスID
st001	創元	太郎	男性	cl01
st002	大同	花子	女性	cl05
st003	同志	八重	女性	cl01
st004	大工	基之	男性	cl06
st005	徳島	はるか	女性	cl07

クラスID	クラス名	場所
cl01	1-1	A棟2階
cl02	1-2	A棟2階
cl03	1-3	A棟2階
cl04	2-1	A棟1階
cl05	2-2	A棟1階
cl06	3-1	C棟1階
cl07	3-2	C棟1階

レコード

カラム

8-4

正規化

リレーショナル型データベースにデータを格納しようとするときには、1つのレコードに同じ項目が繰り返し現れていたり、データが重複や矛盾していたりすることをなくしておく必要があります。例えばこの表では、1つの生徒番号に複数の履修コードが設定されてしまっています。

生徒番号	名前	クラスID	クラス名	履修コード	科目名	教員番号	教員名	評価
st001	創元	cl01	1-1	x001	数学Ⅰ	t01	佐藤	78
				x002	数学Ⅱ	t02	鈴木	66
				y001	情報Ⅰ	t03	山田	43
st002	大同	cl05	2-2	y001	情報Ⅰ	t03	山田	95
				y002	情報Ⅱ	t03	山田	75
st003	同志	cl01	1-1	y001	情報Ⅰ	t03	山田	57

これを解決するのが第一正規化です。履修コードをまとめて設定するのではなく、次の表のように生徒番号と履修コードが1対1で対応するように設定します。

生徒番号	名前	クラスID	クラス名	履修コード	科目名	教員番号	教員名	評価
st001	創元	cl01	1-1	x001	数学Ⅰ	t01	佐藤	78
st001	創元	cl01	1-1	x002	数学Ⅱ	t02	鈴木	66
st001	創元	cl01	1-1	y001	情報Ⅰ	t03	山田	43
st002	大同	cl05	2-2	y001	情報Ⅰ	t03	山田	95
st002	大同	cl05	2-2	y002	情報Ⅱ	t03	山田	75
st003	同志	cl01	1-1	y001	情報Ⅰ	t03	山田	57

なお、次の図のように、あるXを決めればYが決まる関係を関数従属と呼び、このあるXである各行を識別できる主たる項目が主キーになります。

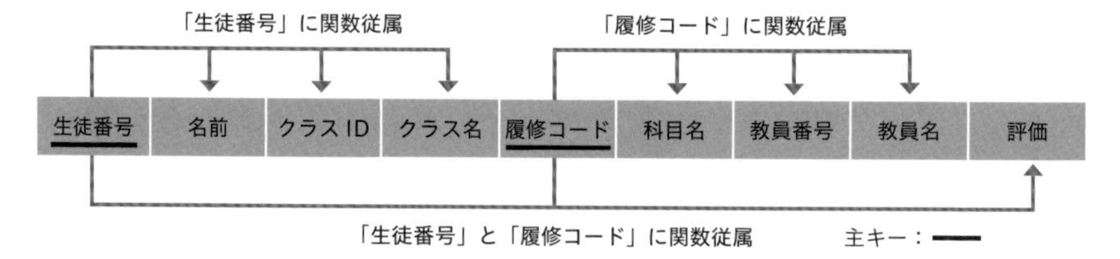

この場合、主キーは「生徒番号」と「履修コード」になりますが、生徒番号のみで決まるものもあれば、履修コードのみで決まるもの（これらを部分関数従属と呼びます）、その両方がないと決まらないものが混在しています。これを解消する（完全関数従属にする）のが第二正規化です。

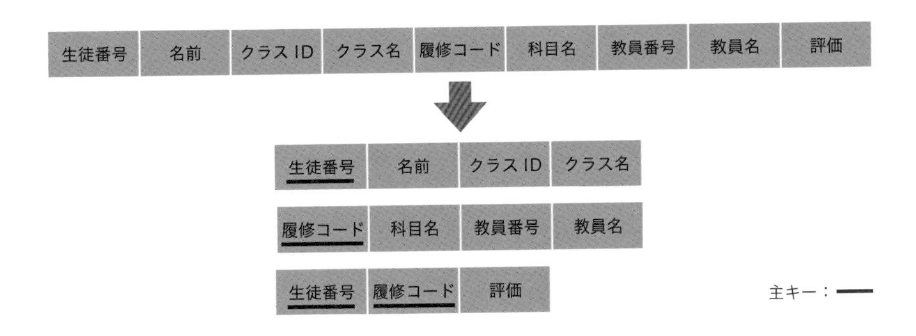

ここまでの処理をしても、下のように主キー以外の項目でまだ重複している箇所（推移的関数従属）が残る場合があります。

生徒番号	名前	クラスID	クラス名
st001	創元	cl01	1-1
st003	同志	cl01	1-1
st002	大同	cl05	2-2

履修コード	科目名	教員番号	教員名
x001	数学Ⅰ	t01	佐藤
x002	数学Ⅱ	t02	鈴木
y001	情報Ⅰ	t03	山田
y002	情報Ⅱ	t03	山田

そこで、第三正規化として、これらの重複が解消されるように新たに主キーを設定し、表を分割します。

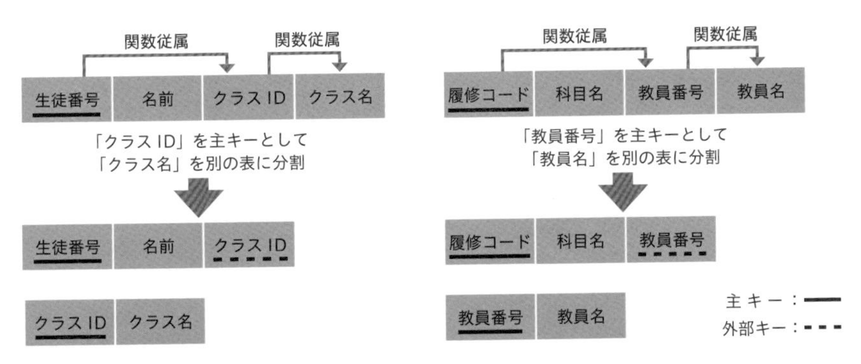

これらの第一正規化から第三正規化までを行うと当初の表は次のようになり、リレーショナル型データベースで適切に管理できるようになります。

受講表

生徒番号	履修コード	評価

学生表

生徒番号	名前	クラス ID

クラス表

クラス ID	クラス名

科目表

履修コード	科目名	教員番号

教員表

教員番号	教員名

主キー：――
外部キー：- - -

▶関係演算の種類

生徒番号	履修コード	評価
st001	x001	78
st001	x002	66
st001	y001	43
st002	y001	95
st002	y002	75
st003	y001	57

「評価」が
70点以下を
取り出す

生徒番号	履修コード	評価
st001	x002	66
st001	y001	43
st003	y001	57

射影

「生徒番号」と
「履修コード」を
取り出す

生徒番号	履修コード
st001	x002
st001	y001
st003	y001

生徒番号	名前	クラス ID
st001	創元	cl01
st002	大同	cl05
st003	同志	cl01

結合

「生徒番号」を
もとに結合

表 C

生徒番号	名前	クラス ID	履修コード
st001	創元	cl01	x002
st001	創元	cl01	y001
st003	同志	cl01	y001

表 D

クラス ID	履修コード
cl01	y001

C÷D

商

生徒番号	名前
st001	創元
st003	同志

8-5 基本演算

データベースを操作する際には数学の集合論を用いることができます。つまり、集合演算である「和」「積」「差」を行うことができます。また、「直積」というある表の行に別の表の行をそれぞれつなぎ合わせる操作を行うこともできます。これを直交結合と呼びます。

表 A

生徒番号	名前	クラス ID
st001	創元	cl01
st002	大同	cl05

表 B

生徒番号	名前	クラス ID
st002	大同	cl05
st005	徳島	cl07

和（A ∪ B）

生徒番号	名前	クラス ID
st001	創元	cl01
st002	大同	cl05
st005	徳島	cl07

積（A ∩ B）

生徒番号	名前	クラス ID
st002	大同	cl05

差（A−B）

生徒番号	名前	クラス ID
st001	創元	cl01

生徒番号	名前	クラス ID
st001	創元	cl01
st002	大同	cl05

履修コード	科目名	教員番号
x001	数学 I	t01
y001	情報 I	t03

直積

生徒番号	名前	クラス ID	履修コード	科目名	教員番号
st001	創元	cl01	x001	数学 I	t01
st001	創元	cl01	y001	情報 I	t03
st002	大同	cl05	x001	数学 I	t01
st002	大同	cl05	y001	情報 I	t03

他の演算としては、関係演算（➡左ページの図表参照）というリレーショナル型データベース特有のものもあります。「選択」とは、設定した条件に合うものを表の中から抽出し、新しい表を作ること、「射影」とは、特定の項目を表の中から抽出し、新しい表を作ることです。また、「結合」とは、2 つの表で共通する項目で統合し、新しい表を作ること、「商」とは、ある表の行の属性をすべて含む行で、かつその属性を含まない部分で新しい表を作ることです。

8-6
SQL

データが大量になると、人の手で分類や登録、データのタグ付け（データに属性や名前を付けること）などを行うことが難しくなります。そこで、データベースを作成するための言語が存在しています。その中でも、リレーショナル型データベースを作成するデータベース言語として最も普及しているものに**SQL**（Structured Query Language）があります。

SQLはISOで規格が標準化されていて、常に改定・改善されているデータベース言語です。SQLは非常にシンプルな言語で、データベース内のデータを管理して、利用者が指定する条件に合ったデータを見つけ出すことに長けています。具体的な例として、Oracle社の「Oracle Database」、Microsoft社の「Microsoft SQL Server」「Access」、オープンソースである「MySQL」「PostgreSQL」などがあり、これらはそれぞれ異なるデータベースエンジンを持っていますがSQLを使って操作することができます。

SQLには、データベースやデータベース内のテーブル（データを種類ごとに分けたもの）を作成・削除するような「データを定義する」命令、データベース内からデータを取得したりデータを追加・削除・修正したりする「データを操作する」命令、利用者などのアクセス制限などを行う「データベースを制御する」命令が存在します。これらの命令をプログラム言語のように組み合わせて、効率よくデータベースを作成し、データの検索を行います。

これまで利用されているデータベースの多くのものはSQLで操作をするリレーショナルデータベースでした。しかし近年になって構造化できない大量のデータ、いわゆるビッグデータを扱うことが多くなってきています。ビッグデータには、メッセージや画像、動画、音声、検索履歴や購入履歴など、さまざまな種類のデータが混在しているため、非定型にせざるを得ず、これまでの方法ではうまく扱うことができません。そこで、これまでのSQLを利用したリレーショナルデータベースではないデータの蓄積方法である**NoSQL**（Not only SQL）に注目が集まっています。NoSQLはデータのモデルが柔軟で、拡張（スケールアウト）が容易であるという特徴があります。また、1つにデータを集める中央集積型ではなく、複数の場所に分散させ、使用する際にはあたかも1つのものであるかのように扱うことができる分散処理型をとることで、応答速度や可用性を担保できることもビッグデータとの相性が良く、これからの発展・普及が期待されています。

◆代表的なNoSQLの例

キーバリュー型

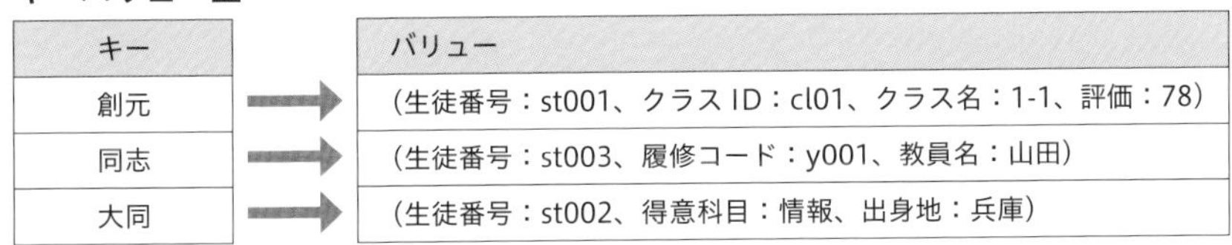

「キー」と組になる「バリュー」だけで構成されていて、「バリュー」の内容はデータごとに異なっていてもかまわない。構造がシンプルなため、高速に処理できる。

ドキュメント型

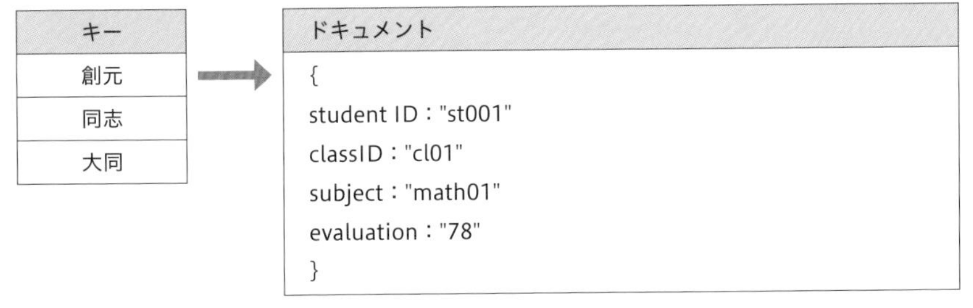

ドキュメントごとに異なるデータ形式を採用することができる。ドキュメント形式の複雑なデータをそのまま扱えることが大きなメリット。

索引

編者あとがき

同志社大学理工学部インテリジェント情報工学科教授
人工知能工学研究センター長
土屋誠司

私は大学の教員として、人工知能に関する研究を行っていますが、大学教員の仕事はただ研究をすることだけではありません。講義・ゼミをして学生さんに教育を行うことはもちろんのこと、大学の運営に関する仕事もあります。時には、一般の方向けに講演会などを通して研究の知見やその面白さ、その先にある未来の姿を伝えたりする活動などもしています。

講演会では、一般の方からいろいろな質問をいただいたりして、私自身が非常に多くのことを勉強しています。IT化やDX化、AIなどをキーワードとして、連日のようにニュースなどでデジタル技術に関する報道がありますので、そうした物事に対する世の中の理解はずいぶん進んできていると思いますが、その一方で、学生さんや講演会の参加者の方から伺う質問の内容を見ていると、まだまだ興味を持って理解を深めていく必要があることも実感しています。

そこで、少しでも皆さんの理解の助けになればという思いから、これまで小学生から大人まで広く一般の方を対象にした入門書的な書籍を複数出版させていただきました。難しい内容をなるべく噛み砕き、数式も出てきませんので、文系の方でも理系の方でも関係なく気軽に読んでいただけるものができたと思っています。

そうした出版活動の過程で、高等学校で「情報Ⅰ」が共通必履修科目に、そして2025年度からは大学入学共通テストにも導入されることになりました。これはまさに「情報」の一般化です。一体どのような内容を今の高校生は勉強するのだろうかと、教科書を覗いてみて正直驚きを隠せませんでした。なぜなら、大学の情報系の学部や学科の1年生に教えている内容の多くが含まれていたからです。また、国家試験である「ITパスポート」や国家資格である「基本情報技術者」試験の内容にも立ち入っている部分もあり、まさに文系理系を問わず、また老若男女を問わず、コンピュータサイエンスやデジタル技術に関する知識は「新しい教養」として知っておかなければならない時代になったのだと再認識しました。

この『「情報」教室』シリーズは、高校の「情報」の学習範囲に準拠する形で、中高生からの独習や社会人の学び直しのニーズを踏まえて編集したものです。ただ、あまり専門的になり過ぎると、「情報」の面白さや重要さが十分には伝わらないのではないかとの考えから、まずは日常生活の中で見聞きする話題を取り上げ、そうした物事にいかに情報技術が関係しているのかを見ながら展開する構成としました。また、なるべく教科書的な説明にならないように、実際の講義のような話口調で解説することも意識したポイントです。

今後もますます情報化は進み、世の中は進化し、変化して行くでしょう。その流れについていくのは大変ですが、「基本」を理解していれば、ついていくのはかなり楽になるはずです。本シリーズを通じて、多くの方に新しい教養としての「情報」を楽しみながら理解し、身につけていただきたく思います。

最後に、快く今回のプロジェクトに賛同してくださり、執筆を担当してくださった同志社大学人工知能工学研究センターの嘱託研究員としても活動してくださっている徳島大学大学院社会産業理工学研究部准教授の松本和幸先生、大同大学情報学部情報システム学科講師の芋野美紗子先生、大阪工業大学情報科学部情報メディア学科教授の鈴木基之先生、大同大学情報学部情報システム学科教授の柘植覚先生に深く感謝いたします。また、今回のプロジェクトを企画し、我々に執筆の機会を提供してくださった株式会社創元社様、分かりやすく読者に伝えるためのご助言ならびに様々な編集作業などを担当してくださった株式会社創元社の橋本隆雄様に厚く御礼を申し上げます。

【編者】
土屋誠司（つちや・せいじ）
同志社大学理工学部インテリジェント情報工学科教授、人工知能工学研究センター・センター長。同志社大学工学部知識工学科卒業、同志社大学大学院工学研究科博士課程修了。徳島大学大学院ソシオテクノサイエンス研究部助教、同志社大学理工学部インテリジェント情報工学科准教授などを経て、2017年より現職。主な研究テーマは知識・概念処理、常識・感情判断、意味解釈。著書に『やさしく知りたい先端科学シリーズ　はじめてのAI』『AI時代を生き抜くプログラミング的思考が身につくシリーズ』（創元社）、『はじめての自然言語処理』（森北出版）がある。

【著者】
柘植 覚（つげ・さとる）
大同大学情報学部情報システム学科教授。徳島大学工学部知能情報工学科卒業、徳島大学大学院工学研究科博士前期・後期課程修了、博士（工学）。徳島大学工学部助手・講師、大同大学情報学部情報システム学科准教授を経て、2019年より現職。同志社大学人工知能工学研究センター嘱託研究員。音声認識・話者認識などの音声情報処理、自然言語によるテキスト情報検索、テキストによる個人認証などの研究に従事。

本書に対するご意見およびご質問は創元社大阪本社編集部宛まで郵送かFAXにてお送りください。お受けできる質問は本書の記載内容に限らせていただきます。なお、お電話での質問にはお答えできませんのであらかじめご了承ください。

身近なモノやサービスから学ぶ「情報」教室❺
情報通信ネットワークとデータベース
2023年9月20日　第1版第1刷発行

編者　土屋誠司
著者　柘植 覚
発行者　矢部敬一
発行所　株式会社 創元社
https://www.sogensha.co.jp/
〈本社〉〒541-0047 大阪市中央区淡路町4-3-6
Tel.06-6231-9010 Fax.06-6233-3111
〈東京支店〉〒101-0051 東京都千代田区神田神保町1-2 田辺ビル
Tel.03-6811-0662
デザイン　椎名麻美
印刷所　図書印刷株式会社

ISBN978-4-422-40085-3 C0355
Printed in Japan

落丁・乱丁のときはお取り替えいたします。